职业教育测绘类专业系列教材

GPS测量及应用

主　编　罗　强

副主编　邓　军　马华宇

参　编　吴尚科　李　建　杨忠祥

机 械 工 业 出 版 社

本书是职业教育测绘类专业系列教材，也是高职高专测绘类专业的核心课程教材。全书共分 9 个单元，主要介绍了 GPS 的组成、限制性政策及其技术现代化进程，GPS 的坐标和时间系统，GPS 卫星信号、接收机和导航电文，GPS 卫星定位的误差来源及其处理措施，GPS 卫星的运动，GPS 定位的原理，GPS 网的技术设计、外业施测和内业数据处理过程，实时动态测量系统及其应用，GPS 测量技术在各种工程中的应用。

本书可作为职业教育工程测量专业及相关专业教材，也可作为 GPS 相关技术培训和从事测量工作的专业技术人员学习、提高 GPS 测量技术能力的参考书。

为方便教学，本书配有电子课件和习题答案，凡选用本书作为授课教材的教师均可登录 www.cmpedu.com，以教师身份注册下载。编辑咨询电话：010- 88379934。

图书在版编目（CIP）数据

GPS 测量及应用/罗强主编. —北京：机械工业出版社，2013. 11
（2025. 1 重印）
职业教育测绘类专业系列教材
ISBN 978- 7- 111- 43369- 9

Ⅰ. ①G⋯　Ⅱ. ①罗⋯　Ⅲ. ①全球定位系统–测量–职业教育–教材　Ⅳ. ①P228. 4

中国版本图书馆 CIP 数据核字（2013）第 248161 号

机械工业出版社（北京市百万庄大街 22 号　邮政编码 100037）
策划编辑：刘思海　责任编辑：刘思海
版式设计：常天培　责任校对：陈延翔
封面设计：鞠　杨　责任印制：刘　媛
涿州市般润文化传播有限公司印刷
2025 年 1 月第 1 版第 5 次印刷
184mm×260mm · 11.5 印张 · 265 千字
标准书号：ISBN 978- 7- 111- 43369- 9
定价：35. 00 元

电话服务　　　　　　　　　网络服务
客服电话：010- 88361066　　机 工 官 网：www.cmpbook.com
　　　　　010- 88379833　　机 工 官 博：weibo. com/cmp1952
　　　　　010- 68326294　　金 书 网：www.golden-book.com
封底无防伪标均为盗版　机工教育服务网：www.cmpedu.com

前　言

全球导航卫星定位系统是美国国防部所研制的新一代导航卫星定位系统。它的出现，是20世纪后人类在空间信息技术探索中的一次革命，由于GPS定位技术具有精度高、速度快、操作简单等特点，它已成为测绘信息采集的重要手段之一。

自GPS系统实施以来，由于GPS软硬件的不断完善和成熟，为GPS定位技术应用走向普及提供了便捷的通道。而现代GPS定位技术已经进入了一个基于网络化并与多学科交叉的实用阶段，并能为空间信息定位有关的行业提供动态、快速、准确和全域的定位服务。

随着GPS定位技术不断地走向成熟，其应用领域也在广度和深度上得到发展和扩大。除传统的测绘地理领域外，GPS在交通、地矿、农林业、防灾减灾等行业都得到了普及和广泛的应用。

本书反映了最新的行业规范、方法和新的工艺；内容浅显易懂，体现"实用、够用"的原则；图文并茂，突出实践，着重培养学生解决实际问题的能力。

本教材各单元的建议学时如下：

单　　元	建 议 课 时
单元1　绪论	4
单元2　GPS定位基准	6
单元3　GPS卫星信号和导航电文	4
单元4　GPS测量误差	6
单元5　卫星运动基础	4
单元6　GPS卫星定位基本原理	8
单元7　GPS测量技术实施	38
单元8　实时动态测量系统及应用	4
单元9　GPS测量技术的应用	4
合　　计	78

本书由罗强任主编，邓军、马华宇任副主编。编写人员及分工如下：罗强编写单元4和附录，邓军编写单元7，马华宇编写单元8和单元9，吴尚科编写单元3和单元6，李建编写单元1和单元2，杨忠祥编写单元5。全书由罗强定稿。

因编者水平有限，书中难免有不足之处，恳请广大读者批评指正。

编　者

目　录

单元 1 绪 论

 【单元概述】

本单元主要阐述了 GPS 的形成历史及其在不同阶段的特征、GPS 的组成概况、GPS 定位的基本原理和限制性政策、GPS 的应用领域及重大发展。

【学习目标】

通过学习，了解 GPS 卫星的轨道分布；重点掌握 GPS 的组成和 GPS 定位的基本原理；初步了解美国政府对 GPS 的限制性政策；了解 GPS 的主要应用领域及重大发展。

课题 1　GPS 概述

一、GPS 发展历史

1. 海军导航卫星系统

1957 年 10 月，苏联成功发射了第一颗人造地球卫星（以下简称卫星）。半个多世纪以来，航天技术在通信、气象、导航、遥感、测绘、资源勘查、地球动力、天文等各个学科得到了极其广泛的应用，对人类政治、经济、军事以至人类进步都产生了深远的影响，极大地促进了现代科学技术的发展。毋庸置疑，卫星对导航定位的发展起到了重要的推动作用。第一颗卫星运行不久，美国约翰·霍普金斯大学应用物理实验室的吉尔博士和魏芬巴哈博士对该卫星发射的无线电信号的多普勒频移进行了深入研究——利用地面跟踪站上的多普勒资料可以精确确定卫星轨道。根据这一试验成果，应用物理实验室的另外两名科学家麦克卢尔博士和克什纳博士进而指出，若已知卫星的轨道参数并准确测定其信号的多普勒频移，则可确定用户的位置。上述工作为第一代导航卫星系统的诞生奠定了基础。

1958 年年底，美国海军与霍普金斯大学应用物理试验室合作，研制、开发、管理为美国军用舰艇导航服务的导航卫星系统，即"海军导航卫星系统"（Navy Navigation Satellite System，NNSS）。由于该系统的卫星通过地极，沿地球子午线运行，故又称为"子午（Transit）卫星系统"。该系统于 1964 年建成，共有 6 颗卫星组成。卫星轨道接近圆形，轨道倾角为 90°左右，轨道高度为 11000km，周期为 13~15 周。1967 年 7 月 29 日，美国政府宣布解密海军导航卫星系统所发送的导航电文的部分内容提供民用。由于该系统具有全天候、自动定位、全球覆盖性、定位精度较高、定位速度较快和经济性好等一系列优点，迅速被世界各国使用。

2. GPS 全球定位系统的建立

鉴于 NNSS 系统的局限性，为了实现全天候、全球性和高精度的连续导航定位，满足军事部门和民用部门对连续实时、高精度、高动态导航定位的迫切要求，在第一代导航卫星系统 NNSS 投入使用不久，美国于 1967 年着手研制新一代导航卫星系统。1973 年 12 月，美国国防部正式批准海陆空三军共同研制导航卫星全球定位系统，全称为"授时与测距导航系统/全球定位系统"（Navigation System Timing and Ranging/Global Positioning System，NAVSTAR/GPS），简称为"全球定位系统（GPS）"。全球定位系统的建立过程到目前为止经历以下几个阶段：

1）第一阶段：1973 年~1979 年。此阶段为方案论证和初步设计阶段。共发射了 4 颗实验卫星（Block），研制了地面接收机，建立了地面跟踪网。

2）第二阶段：1980 年~1989 年。此阶段为全面研制和实验阶段。1978 年，第一颗 GPS 实验卫星的成功发射，标志着工程研制阶段的开始。1979 年~1984 年，又陆续发射了 7 颗实验卫星，研制了各种用途的接收机。实验表明，GPS 定位精度远远超过设计标准。

3）第三阶段：1990 年~1999 年。此阶段为实用组网阶段。这一阶段发射了第二代 GPS 工作卫星，称为 Block Ⅱ和 Block ⅡA，构成 24 颗卫星星座，满足了民用标准定位服务（100m）的要求，1995 年实现了精密定位服务（10m）。

4）第四阶段：2000 年~2030 年。此阶段为 GPS 现代化更新阶段。1996 年美国国防部和交通部组成了联合管理 GPS 事务局（IGEB），在 IGEB 的主持下于 1997 年~1998 年期间讨论了增加 GPS 民用信号，从而改进了民用 GPS 的状况，并与空间已经开始的计划相结合，更新了 GPS 运行要求，并于 1999 年 1 月由美国副国务卿戈尔以"GPS 现代化"的名称发布通告，其具体实施以 2000 年 5 月 1 日取消 SA 政策为标志。

二、GPS 系统的构成

GPS 整个系统主要由空间部分（空间卫星星座、GPS 卫星）、地面监控部分（主控站、监控站、注入站、通信和辅助设备）和用户部分（GPS 接收机、数据处理软件、用户设备）三个部分构成。

1. 空间部分

（1）空间卫星星座　　GPS 的空间部分是由 24 颗 GPS 工作卫星所组成，这些 GPS 工作卫星共同组成了 GPS 卫星星座，其中 21 颗为可用于导航的卫星，3 颗为活动的备用卫星，如图 1-1 所示。这 24 颗卫星分布在 6 个倾角为 55°的轨道上绕地球运行，这样分布的目的是为了保证在地区的任何地方同时可以

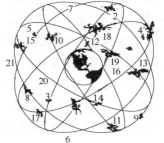

图 1-1　GPS 卫星星座

观测到 4～12 颗卫星，从而使地球表面上任何地点、任何时刻均能实现三维定位、测速与测时。卫星轨道为近圆形，轨道平均高度为 202000km，运行周期约为 11h58min（12 恒星时）。

表 1-1 给出了截至 1995 年 3 月 GPS 卫星的组成情况，从表中可以看出：现在空间共有 25 颗 GPS 卫星，其中有一颗 Block Ⅰ 尚在工作，其余均为 Block Ⅱ 和 Block ⅡA 工作卫星。

表 1-1　GPS 卫星组成情况一览表

类型	序号	编号（SVN）	发射年份	类型	序号	编号（SVN）	发射年份
Block Ⅰ	1	12	1984	Block ⅡA	14	28	1992
Block Ⅱ	2	14	1989		15	26	1992
	3	02	1989		16	27	1992
	4	16	1989		17	29	1993
	5	19	1989		18	31	1993
	6	17	1990		19	22	1993
	7	18	1990		20	01	1993
	8	20	1990		21	07	1993
	9	21	1990		22	09	1993
	10	15	1990		23	05	1993
Block ⅡA	11	23	1990		24	04	1994
	12	24	1991		25	06	1994
	13	25	1992		—	—	—

（2）GPS 卫星及其功能　GPS 卫星主体为圆柱形，两侧有太阳能帆板，能自动对日定向。GPS 卫星外观结构（Block Ⅱ）如图 1-2 所示。太阳能电池为卫星提供工作用电。每颗卫星配备有 4 台原子钟，可以为卫星提供高精度的时间标准。卫星可在地面控制系统的控制下调整自己的运行轨道。

GPS 卫星的主要功能是：

1）接收并存储来自地面控制系统的导航电文。

2）进行必要的数据处理。

3）提供精密的时间标准。

4）向用户连续不断发送导航定位信号。

2. 地面监控部分

GPS 的地面监控部分由分布在全球的由若干个跟踪站所组成的监控系统所构成，根据其作用的不同，这些跟踪站又被分为主控站、监控站和注入站，其中主控站 1 个，监控站 5 个，注入站 3 个，另外还配备有通信和辅助系统，如图 1-3 所示。

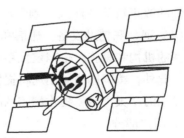

图 1-2　GPS 卫星外观结构（Block Ⅱ）

（1）主控站　主控站是整个地面监控系统的管理中心和技术中心，位于美国科罗拉多州的法尔孔空军基地联合空间工作中心。其主要作用是：

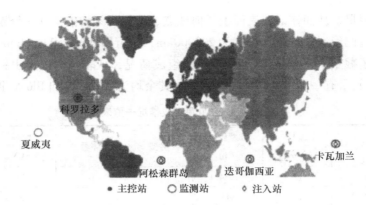

图 1-3 GPS 卫星的地面监控分布图

1) 负责管理、协调地面监控系统中各部分的工作。

2) 根据各监控站对 GPS 的观测数据，计算出卫星的星历和卫星钟的改正参数等，并将这些数据通过注入站注入到卫星中去。

3) 对卫星进行控制，向卫星发布指令，当工作卫星出现故障时，调度备用卫星，替代失效的工作卫星工作。

另外，主控站也具有监控站的功能。

(2) 监控站 监控站是在主控站控制下的数据采集中心。整个全球定位系统共设立了 5 个监控站，它们分别位于科罗拉多州（美国本土）、夏威夷岛（太平洋）、阿松森群岛（大西洋）、迭哥伽西亚（印度洋）、卡瓦加兰。其主要作用是：

1) 对视场中的各 GPS 卫星进行连续观测，以采集数据和监测卫星的工作状态。

2) 通过气象传感器自动测定并记录气温、气压、相对湿度等气象数据。

3) 将观测数据进行初步处理后送到主控站，用以确定 GPS 卫星的各项参数。

(3) 注入站 注入站是向 GPS 卫星输入导航电文和其他命令的地面设施。3 个注入站分别位于阿松森群岛、迭哥伽西亚、卡瓦加兰。其主要作用是将主控站计算出的卫星星历和卫星钟的改正数等"注入"到卫星中去，并检测"注入信息"的正确性。

(4) 通信和辅助设备 通信和辅助设施是指地面监控系统中负责数据传输以及提供其他服务的机构和设施。全球定位系统的通信系统由地面通信线、海底电缆和卫星通信等联合组成。此外，美国国防制图局将提供有关极移和地球自转的数据以及各监测站的精密地心坐标，美国海军天文台将提供精密的时间信息。

3. 用户部分

GPS 的用户部分由 GPS 接收机、数据处理软件及相应的用户设备（如计算机、气象仪器）等组成。其主要功能是能够捕获到按一定卫星截止角所选择的待测卫星，并跟踪这些卫星的运行。当接收机捕获到跟踪的卫星信号后，就可测量出接收天线至卫星的伪距离和距离的变化率，解调出卫星轨道参数等数据。根据这些数据，接收机中的微处理计算机就可按定位解算方法进行定位计算，计算出用户所在地地理位置的经纬度、高度、速度、时间等信息。

接收机硬件和机内软件以及 GPS 数据的后处理软件包构成完整的 GPS 用户设备。GPS 接收机的结构分为天线单元和接收单元两部分。接收机一般采用机内和机外两种直流电源。设置机内电源的目的在于更换外电源时不中断连续观测。在用机外电源时机内电池自动充电。关机后机内电池为 RAM 存储器供电，以防止数据丢失。

目前各种类型的 GPS 接收机体积越来越小，重量越来越轻，便于野外观测使用。

三、GPS 定位的基本原理

GPS 定位的基本原理是根据高速运动的卫星瞬间位置作为已知的起算数据，采用空间距离后方交会的方法，确定待测点的位置。如图 1-4 所示，假设 t 时刻在地面待测点上安置 GPS 接收机，可以测定 GPS 信号到达接收机的时间 Δt，再加上接收机所接收到的卫星星历等其他数据可以确定下列方程组：

$$\begin{cases} [\,(x_1-x)^2+(y_1-y)^2+(z_1-z)^2\,]^2+c\delta t^j=d_1 \\ [\,(x_2-x)^2+(y_2-y)^2+(z_2-z)^2\,]^2+c\delta t^j=d_2 \\ [\,(x_3-x)^2+(y_3-y)^2+(z_3-z)^2\,]^2+c\delta t^j=d_3 \\ [\,(x_4-x)^2+(y_4-y)^2+(z_4-z)^2\,]^2+c\delta t^j=d_4 \end{cases} \qquad (1\text{-}1)$$

式中　$(x_i,\ y_i,\ z_i)$ ——卫星空间坐标；

　　　$(x,\ y,\ z)$ ——接收机坐标；

　　　　　c ——电磁波传播速率；

　　　　　δt^j ——接收机时钟误差。

由式（1-1）可知，只要观测 4 颗以上卫星，就可以求出 x、y、z、δt，从而获得接收机的地面点坐标。

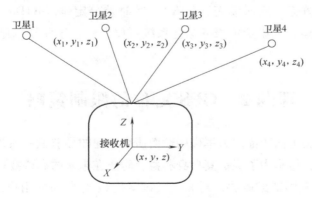

图 1-4　GPS 定位原理图

四、GPS 定位优势

GPS 作为一种先进的导航与定位系统，以其高精度、全天候、高效率、易操作等特点著称。

（1）高精度的三维定位　大量实践和研究表明，GPS 可以精密地测定测站的平面位置和高程。目前在小于50km的基线上，其相对定位精度可达1×10^{-6}；而在100～500km的基线上，精度可达到1×10^{-7}。随着观测技术与数据处理方法的不断更新与优化，可望在大于1000km的距离上，其相对定位精度达到1×10^{-8}。

（2）全天候作业　GPS卫星布局使得同一测站上出现的卫星分布大致相同，能够保证全球范围内被覆盖，任何用户在任何时候至少可以接收到4颗卫星，在可观测卫星信号的区域，GPS接收机可以连续工作，一般不受天气状况的影响。

（3）测站之间无需通视　经典的三角测量或导线测量技术一般既要求保持良好的通视性，又要求保障测量控制网的良好结构，这就要求在野外作业时建立大量的测量标志，耗费大量时间。GPS作业只要求测站净空开阔，与卫星之间保持良好的通信即可，这样就节省了大量的时间与经费，也给点位的选择带来了很大的灵活性。在类似于高速铁路精密控制网建设中，可以省去经典测量传算点和过渡点的测量工作，提高了工作效率。

（4）观测时间短　过去，对于高精度GPS控制网而言，完成一条基线的静态相对定位需要数小时的时间。随着GPS系统的不断完善和数据处理软件的不断更新，观测时间已缩短至几十分钟，甚至几分钟；采用RTK定位模式每测站观测只需要几秒钟。采用GPS建立控制网，可大大缩短作业时间，提高作业效率。

（5）仪器轻便，自动化程度高　随着GPS接收机的技术改进，其体积越来越小，携带搬运均较方便；另一方面GPS测量的自动化程度越来越高，已基本趋于"傻瓜化"操作。测量技术人员在观测中只需要安置并开关仪器、量取仪器高、记录气象数据和监视仪器工作运行状态等工作，通过数据通信定时将所采集的数据传送到数据处理中心，即可实现数据采集与处理全过程的自动化。

（6）应用广泛　随着GPS技术的不断发展，GPS测量形式越来越多样。由常规的静态测量已经发展到快速静态、实时动态（RTK）、实时差分定位（RTD）和利用多基站网络RTK技术建立的连续运行卫星定位服务综合系统（CORS），这些技术已经广泛地运用到工程测量的各个方面。

课题2　GPS定位的限制策略

全球定位系统是美国国防部门为军事用途而研究组建的导航卫星系统，虽然美国政府实施了鼓励民用的政策，但是为了保护其自身利益，防止在未来的高科技战争中，对手使用精密的GPS制导技术给美国造成威胁，对非经美国政府授权的GPS用户采用了限制性政策。SA政策与AS政策就是典型的例证。

一、美国政府的GPS政策

现阶段GPS有两种导航定位服务功能：一是标准定位服务（Stand Positioning Service，SPS），包括L_1频率上的C/A码和导航电文，即粗码C/A码定位，未经美国政府授权的广大用户可使用此类服务，其定位精度为平面位置±100m，高程±156m；二是精密定位服务

（Precise Positioning Service，PPS），它主要是 L_1、L_2 频率上的 P/Y 码与事后提供的精密星历，美国及其盟国的军方用户以及少数境内美国政府授权的非军方用户可使用此类服务，其定位精度为 ±16m 或更高。总的来说，美国政府的 GPS 政策可归结为以下三条：

1）标准定位服务（SPS）向世界范围内公开使用，不收取直接费用。

2）精密定位服务（PPS）将长期保密，仅提供美军和盟国及特许授权用户使用。

3）美国政府不保证 GPS 的精度的可靠性，对民间用户不承担责任。处于国家安全性考虑，美国政府宣布将对精度进行控制，引入可变误差。

二、实施选择可用性（Selective Availability，SA）政策

在全球定位系统的研制组建阶段，大量的试验结果表明，使用 C/A 码来进行导航定位，也能获得优于美国军方预先估计的精度。考虑到 GPS 在军事上的巨大潜力以及 C/A 码是公开向全球所有用户开放的政策，为防止敌对方利用 GPS 危害美国国家安全，美国国防部于 1991 年 7 月 1 日起在所有的工作卫星上实施 SA 技术。这种干扰是通过 ε 技术与 δ 技术实现的。ε 技术是通过在卫星的广播星历中人为地加入误差，降低卫星星历的精度；δ 技术是对 GPS 的卫星钟频有意识地加入一种快速抖动，这种抖动降低了钟的稳定性，从而影响导航定位的精度。

由于科技进步，未经美国政府授权的广大用户利用差分 GPS 等技术已经能够较好地解决 SA 政策所产生为各种问题，而且俄罗斯政府管理的全球导航卫星定位系统（Global Navigation Satelite System，GLONASS，也称为"格鲁纳斯"）早已宣布不实施 SA 政策，所以其导航精度远比实施 SA 政策的 GPS 高，如果美国政府不终止 SA 政策，大量用户将舍弃 GPS 而改用 GLONASS。上述情况使得美国政府对 GPS 政策作出了调整，因此，SA 政策已于 2000 年 5 月 2 日 4 时左右（UTC）取消。

三、反电子诱骗（Anti-Spoofing，AS）政策

AS 政策是美国国防部为防止敌对方发射适当频率的信号对 GPS 卫星信号进行欺骗与电子干扰而采取的一种措施。其目的是保护 P 码，防止敌方对 P 码进行精密定位，将 P 码与更加保密的 W 码的模二相加形成新的 Y 码。实施 AS 政策后，美国特许用户可以在接收到的 Y 码中剔除 W 码而获得 P 码，非特许用户不能进行 P 码和 C/A 码码相位测量的联合求解而获得 P 码。

近些年，广大的接收机生产厂家针对 AS 政策进行了不懈努力，未经美国政府授权的一般测量用户只要采用 Z 跟踪技术仍能利用 P 码进行测距，从而较好地克服了 AS 政策所造成的不利影响。

课题 3　GPS 的重大发展及技术现代化进程

自美国开始研制 GPS 以来，由于科学技术的发展、美国国内外形势的变化和广大用户应用的研究，GPS 系统性能、应用领域和定位精度等诸多方面均发生了巨大变化。

一、美国对 GPS 的技术改进与政策调整

1. 政策调整

众所周知，GPS 技术最初设计目的是为了美国军事用途的各种飞行器与运载器的实时导航，但为了经济利益，美国政府也对民用的 GPS 标准定位服务进行了规划设计。由于在研制过程中逐步发现民用与军用之间的相互冲突，为了保护美国的军事安全与国家利益，美国政府先后实施了 SA 与 AS 政策。1995 年后，由于受到俄罗斯政府管理的 GLONASS 的国际竞争与国内就业压力的原因，使得美国政府对 GPS 政策作出了调整。

在上述背景下，1996 年 3 月 29 日，美国以总统指令的形式公布了新的 GPS 政策，宣布将在 4~10 年内取消 SA 政策，进一步鼓励民间用户为商业、科研等和平用途而广泛使用 GPS。美国为更好地满足军事系统的需求，继续扩展民用市场，确保 GPS 在导航卫星定位系统中的霸主地位，劝说其他国家放弃建立自己的导航卫星定位系统的计划，决定对 GPS 实施现代化。

2. 技术改进及 GPS 现代化

1999 年 1 月，美国政府宣布了一项新的 GPS 现代化提案，其目的是保持美国在 GPS 定位系统及其产业的领先地位：

（1）GPS 现代化计划中的军事部分

1）增加信号强度，以增加抗电子干扰能力。

2）在 GPS 信号频道上，增加军用码（M 码），与民用码分开。

3）军用比民用接收机有更好的保护装置。

4）发展新技术，以阻止和干扰敌方使用 GPS。

（2）GPS 现代化计划中的民用部分

1）改善民用导航和定位的精度。

2）扩大服务的覆盖区和改善服务的持续性能。

3）提高导航的完好性（Integrity），如增强信号功率、增加导航型号和频道。

4）保持 GPS 在全球定位系统中技术和销售的领先地位。

5）注意与现有的和将来的其他民用导航系统的匹配和兼容。

（3）GPS 现代化的进程

1）现代化的第一阶段：发射 12 颗改进型的 GPS Block ⅡR 型卫星，其具有一些新功能，能发射第二民用码，即在 L_2 上加载 C/A 码，在 L_1 和 L_2 上播发 P 码的同时，在其上试验性地加载新的军码（M 码）。

2）现代化的第二阶段：发射 6 颗改进型的 GPS Block ⅡF 型卫星，除具有 GPS Block ⅡR 型卫星的功能外，进一步强化发射 M 码的功率和增加发射第三民用频率（L_5 频道）。到 2008 年，空中运行的 GPS 卫星至少有 18 颗 Block ⅡF 型卫星，以保证 M 码的全球覆盖。到 2016 年，GPS 卫星系统全部以 Block ⅡF 卫星运行，共计（24 + 3）颗，其中工作卫星 24 颗，备用卫星 3 颗。

3）现代化的第三阶段：讨论 GPS Ⅲ型卫星系统结构、系统安全性、可靠性和各种可能的风险，2008 年发射 GPS Ⅲ第一颗试验卫星，计划用 20 年时间完成 GPS Ⅲ计划，取代目前的 GPS Ⅱ。

二、GPS 应用技术的最新发展

伴随科技发展和广大民用用户对 GPS 的潜心研究与不断开拓，GPS 应用技术在方法、定位精度与计算方面取得了长足进步。

1. 导航卫星系统兼容性与组合导航定位技术

近年来，以 GPS、GLONASS 和 Galileo 等为代表的导航卫星系统逐渐完成现代化技术改造和星座组网，系统性能得到大幅度提升。导航卫星系统将从独立建设走向合作开发利用，共享空间信息资源和国际导航卫星用户市场，然而多个系统共用 L 导航频段，存在相互干扰问题。因此，美国、俄罗斯和欧洲空间局就导航卫星系统的民用信号兼容与互操作性问题进行了多轮谈判，达成了基本共识：修改新型导航卫星系列的相关设计方案，遵从开放接口协议和频段共用原则，避免导航卫星系统相互干扰，共同开发导航卫星空间资源。届时，多个导航卫星系统信号兼容，采用多模式组合接收机可以获得精度、连续性、有效性、可用性和可靠性更高的导航定位信息。

2. 导航卫星系统的广域增强技术

利用地球静止轨道卫星进行辅助测距和导航信息转发的天基卫星增强系统，是提高导航定位精度和系统完好性监测的有效手段，如美国的广域增强系统（WASS）和欧洲地球静止导航卫星重叠服务（EGNOS）等，对卫星星历及钟差参数，以及电离层延迟误差进行短时预报，并通过卫星播发至用户，大大缩短了导航数据龄期，使民用定位精度达到 2m，并为导航信息安全提供了保障。在一些高精度导航应用领域，如机场和港口等，采用地基局域增强系统（LAAS）和伪卫星技术，实时定位精度可达到厘米量级，并能近实时监测导航信息，增强系统完好性和可用性能。因此，未来 10 年导航卫星系统增强技术将继续得到发展，以满足人们日益增长的高精度、安全可靠导航等需求。

3. 导航卫星信号区域功率增强、加解密与 BOC 调制技术

在强干扰环境条件下，导航卫星利用点波束天线，增强指定区域信号功率，专用接收机能够接收导航信号，且不会降低导航定位精度。同时，对导航信息进行加密处理，具有抗电子欺骗能力，以满足特定用户的实际应用需求。因此，导航卫星系统的抗干扰、多点波束信号增强、小型化的高增益接收天线、导航信号编码与加密，以及专用信号加解密模块等技术将是导航卫星系统技术的发展方向。

4. 导航星座自主导航与运行管理技术

导航星座自主导航与运行管理的意义在于：能够有效地减少地面测控站的布设数量，减少地面站至卫星的信息注入次数，降低系统长期维持费用；实时监测导航信息的完好性，增强系统的生存能力；在有地面测控系统支持的情况下，通过星间双向测距能够提供一种独立的校验卫星星历及时钟参数的手段，并能进一步改善系统性能和提高导航定位精度。因此，

星座自主导航、运行管理与实时监视技术是新一代导航卫星系统研究的热门课题和发展方向。

5. 基于星地星间链路高速宽带网络的导航与通信一体化技术

导航定位精度、完好性、可用性和连续性是设计和评价导航卫星系统的顶层性能指标，也是新一代导航卫星系统技术改造的目标要求。建立高速的星地、星间宽带通信网络，"接入到一颗卫星，等效于接入整个星座"，实现对星座的实时、连续和动态监视，保障导航信息的实时性和有效性，全面满足系统顶层性能指标要求。

随着地面移动通信技术的发展，人们逐渐意识到时间、地点和事件等基本信息要素的重要性。例如，城市车载导航卫星系统已能提供小范围内方便快捷的信息服务。但是，对于大范围，乃至"地球村"实时信息获取，则更有赖于卫星通信网络的支持。新一代导航卫星系统的星地、星间高速宽带通信网络，必然促进导航与通信技术的一体化，实现全球无缝接入和实时信息获取。

6. 对网络 GPS 技术的使用研究

网络 GPS 是一种把 GPS 技术与通信技术和互联网技术结合起来进行 GPS 测量的作业模式。就 GPS-RTK 测量技术来说，现在国际上有两种参考台站网络化的技术，即 FKP（地区修正参数，德语缩写为 FKP）和 VRS（虚拟基准站，Virtual Reference Stations），通过网络发送 FKP 和 VRS 信息。

VRS 所代表的是 GPS 网络 RTK 测量技术，它的出现将使一个地区的所有测绘工作成为一个有机的整体，结束以前 GPS 作业单打独斗的局面。同时，它将大大扩展 RTK 的作业范围，使 GPS 的应用更广泛，精度和可靠性将进一步提高，使从前许多 GPS 无法完成的任务得以完成。最重要的是，在具备了上述优点的同时，建立 GPS 网络成本反而会极大地降低。这是测量方法的巨大进步，就目前的相关技术条件来看，其可实现性已经完全具备，未来前景不可估量。

三、精密单点定位（Precise Point Positioning，PPP）技术

GPS 从投入使用以来，其相对定位的定位方式发展得很快，从最先的码相对定位到现在的实时动态（RTK），使 GPS 的定位精度不断升高。而绝对定位即单点定位发展得相对缓慢，传统的 GPS 单点定位是利用测码伪距观测值以及由广播星历所提供的卫星轨道参数和卫星钟改正数进行的。其优点是数据采集和数据处理较为方便、自由、简单，用户在任一时刻只需用一台 GPS 接收机就能获得 WGS-84 坐标系中的三维坐标。但由于伪距观测值的精度一般为数分米至数米，用广播星历所求得的卫星位置的误差可达数米至数十米，卫星钟改正数的误差为 ±20ns 左右，因此只能用于导航及资源调查、勘探等一些低精度的领域中。随着我国海洋战略的实施，海洋科研、海洋开发、海洋工程等海上活动日益增加，对定位精度的要求也呈现出多样化，如精密的海洋划界、精密海洋工程测量等，要求能够达到十几或几十厘米的定位精度，而采用伪距差分定位只能提供米级的定位精度，如果使用 RTK 功能，作用距离又不能达到。对于这部分定位需求，现有的定位手段无法满足要求，需要寻求新的定位方式或技术。

1. 精密单点定位的基本原理

精密单点定位技术由美国喷气推进实验室（JPL）的 Zumberge 于 1997 年提出。20 世纪 90 年代末，由于全球 GPS 跟踪站的数量急剧上升，全球 GPS 数据处理工作量不断增加，计算时间呈指数上升。为了解决这个问题，作为国际 GPS 服务组（IGS）的一个数据分析中心，JPL 提出了这一方法，用于非核心 GPS 站的数据处理。

精密单点定位是利用国际 GPS 服务机构 IGS 提供的或自己计算的 GPS 精密星历和精密钟差文件，以无电离层影响的载波相位和伪距组合观测值为观测资料，对测站的位置、接收机钟差、对流层天顶延迟以及组合后的相位模糊度等参数进行估计。用户通过一台含双频双码的 GPS 接收机就可以实现在数千平方千米乃至全球范围内的高精度定位。它的特点在于各站的解算相互独立，计算量远远小于一般的相对定位。所解算出来的坐标和使用的 IGS 精密星历的坐标框架即 ITRF 框架系列一致，而不是常用的 WGS-84 坐标系统下的坐标。因此，IGS 精密星历与 GPS 广播星历所对应的参考框架不同。

2. IGS 的相关介绍

IGS 由 GPS 卫星跟踪网、数据中心、分析中心、中央局、工作组组成。其中工作组包括低轨卫星研究工作组、GLONASS 工作组、电离层工作组、对流层工作组和时频传递工作组。低轨卫星研究工作组研究利用 IGS 全球跟踪网进行低轨卫星定轨、掩星技术等方面的研究；GLONASS 工作组综合利用 GPS/GLONASS 卫星数据，进行大地测量与地球动力学研究；电离层工作组发展全球性和区域性的电离层延迟图；对流层工作组发展全球性和区域性的对流层延迟图，为气象学服务；时频传递工作组利用 GPS 时间共视技术（GPS Common View）进行高精度时间比对，维护、协调世界时（UTC）。

3. 技术特点和优势

精密单点定位（PPP）技术利用精密轨道和时钟来消除卫星轨道和时钟误差，利用双频观测值来消除电离层的影响，通过相位观测值来估计对流层延迟，由于上述误差都可以削弱到厘米级左右，因此 PPP 技术利用单站 GPS 观测值就可以达到几个厘米的定位精度，与传统 RTK 比较，具有以下优势：

1）单台 GPS 接收机实现高精度定位。

2）定位不受作用距离限制。

3）不需要基准台站。

4）作业机动灵活。

5）节约用户成本，提高生产效率。

6）直接获得最新的 ITRF 框架的三维地心坐标。

课题 4　其他卫星定位系统

目前，世界上正在运行的全球导航卫星定位系统主要有两大系统：一是美国的 GPS 系统，二是俄罗斯的"格鲁纳斯"系统。近年来，欧洲提出了有自己特色的"伽利略"全球卫星定位计划；我国也开展了北斗导航卫星系统的研制。因而，未来密布在太空的全球卫星定位系统将形成美、俄、欧、中所属的"GPS"、"格鲁纳斯""伽利略""北斗"四大系统"四强争雄"的格局。

一、全球导航卫星系统

全球导航卫星系统是苏联从20世纪80年代初开始建设的与美国GPS系统相类似的第二代卫星定位系统，后由俄罗斯继续该计划。该系统和GPS一样，也由卫星星座、地面支持系统（即地面监测控制站）和用户设备三部分组成。该系统于2007年年底之前开始运营，只开放俄罗斯境内卫星定位及导航服务，到2009年年底其服务范围拓展到了全球。该系统主要服务内容包括确定陆地、海上及空中目标的坐标及运动速度信息等。

全球导航卫星系统由卫星星座、地面支持系统和用户设备三部分组成。

（1）GLONASS星座　GLONASS星座由21颗工作星和3颗备份星组成，所以GLONASS星座共由24颗卫星组成。24颗星均匀地分布在3个近圆形的轨道平面上，这三个轨道平面两两相隔120°，每个轨道面有8颗卫星，同平面内的卫星之间相隔45°，轨道高度1.91×10^4km，运行周期11h15min44s，轨道倾角64.8°。

（2）地面支持系统　地面支持系统由系统控制中心、中央同步器、遥测遥控站（含激光跟踪站）和外场导航控制设备组成。地面支持系统的功能由苏联境内的许多场地来完成。随着苏联的解体，GLONASS系统由俄罗斯航天局管理，地面支持段已经减少到只有俄罗斯境内的场地，系统控制中心和中央同步处理器位于莫斯科，遥测遥控站位于圣彼得堡、捷尔诺波尔、埃尼谢斯克和共青城。

（3）用户设备　GLONASS用户设备（即接收机）能接收卫星发射的导航信号，并测量其伪距和伪距变化率，同时从卫星信号中提取并处理导航电文。接收机处理器对上述数据进行处理并计算出用户所在的位置、速度和时间信息。GLONASS系统提供军用和民用两种服务。GLONASS系统绝对定位精度水平方向为16m，垂直方向为25m。目前，GLONASS系统的主要用途是导航定位，当然与GPS系统一样，也可以广泛应用于各种等级和种类的定位、导航和时频领域等。

二、伽利略卫星定位系统

随着欧洲一体化进程，经济利益成了欧洲希望发展卫星定位系统的首要动机。航天工业被誉为"下金蛋的鸡"。调查显示，"伽利略"项目将在渔业、农业、通信等民用领域形成巨额市场，仅在欧洲就可创造出约14万个就业岗位。具体地说，欧洲发展"伽利略"卫星定位系统可以减少欧洲对美国军事和技术的依赖。从商业角度讲，要利用美国的GPS全球定位系统，就要购买美国的信号接收设备，欧洲的航天工业如空中客车公司就必须完全依赖美国系统。欧洲有了自己的卫星定位系统后，欧洲航天业就可以发展自己的卫星定位用户，并出售设备。

正如法国前总统希拉克所说，没有"伽利略"计划，欧洲"将不可避免地成为附庸，首先是科学和技术，其次是工业和经济"，所以，2003年3月，"伽利略"卫星定位系统计划正式启动。

1. 系统组成

全面部署后的"伽利略"系统由 30 颗卫星组成，其中 27 颗为工作星，3 颗为在轨备份星。按设计，卫星将分布在地球上空 23222km 的圆形中地轨道面上，各轨道面相对于赤道面的倾角为 56°。卫星全部部署到位后，"伽利略"的导航信号即便对纬度高达 75°乃至更高的地区也能提供良好的覆盖。由于卫星数量多，星座经过优化，加上有 3 颗热备份星可用，系统可保证在有一颗卫星失效的情况下不会对用户产生明显影响。

该系统将在欧洲设立两座伽利略控制中心（GCC），以对卫星进行控制，并对导航任务进行管理。由 20 座伽利略传感器站（GSS）构成的一个全球网络所提供的数据将通过一冗余通信网传送给伽利略控制中心。控制中心将利用传感器站的数据来计算完好性信息，并对所有卫星和地面站时钟的时间信号进行同步。控制中心与卫星间的数据交换将通过所谓的上行站来完成，为此将在全球各地建设 5 座 S 波段和 10 座 C 波段上行站。

2. 系统特点

"伽利略"系统是欧洲自己的全球导航卫星系统，可在民用部门控制下提供高度精确的、有保障的全球定位服务。它与另两个全球导航卫星系统——美国的"全球定位系统（GPS）"和俄罗斯的"全球导航卫星系统（GLONASS）"兼容。用户可利用同一接收机从不同组合的卫星获得定位信息。不过，通过把双频工作作为标准配置，"伽利略"将能提供高达米级的定位精度，而这是以往面向公众的系统从未达到过的。

"伽利略"系统还有一个特点，就是具有全球搜索与救援（SAR）。这项功能利用了现有的科斯帕斯—萨尔萨特搜救卫星系统。为实现这一功能，每颗卫星要配备一台能把遇险信号从用户发射机发给救援协调中心以启动救援行动的转发器。同时，该系统还能向用户发送信号，告知其所处险境已被探测到救援工作已经展开。这项功能属于新发明，被认为是对现有系统的一项重大改进，因为现有系统并不能向用户提供反馈信息。

三、北斗导航卫星定位系统

北斗导航卫星系统（BeiDou（COMPASS）Navigation Satellite System），是我国正在实施的，自主研发且独立运行的全球导航卫星系统。系统建设的目标是：建成独立自主、开放兼容、技术先进、稳定可靠的，覆盖全球的北斗导航卫星系统，促进导航卫星产业链形成，形成完善的国家导航卫星应用产业支撑、推广和保障体系，推动导航卫星在国民经济社会各行业的广泛应用。

1. 北斗一号

"北斗一号"采用的基本技术路线最初来自于陈芳允先生的"双星定位"设想，又称为"双星定位系统"。其基本原理是采用三球交会测量，利用两颗位置已知的地球同步轨道卫星为两球心，两球心至用户的距离为半径作两球面，另一球面是以地心为球心，以用户所在点至地心的距离为半径的球面，三个球面的交会点就是用户位置。这种导航定位方式与 GPS和 GLONESS 所采用的被动式导航定位相比，虽然在覆盖范围、定位精度、容纳用户数量等方面存在明显的不足，但其成本低廉，系统组建周期短，同时可将导航定位、双向数据通信和精密授时结合在一起，使系统不仅可全天候、全天时提供区域性有源导航定位，还能进行双向数字报文通信和精密授时。另外，当用户提出申请或按预定间隔时间进行定位时，不仅用户能知道自己的测定位置，而且其调度指挥或其他有关单位、部门也可掌握用户所在位置，因此特别适用于需要导航与移动数据通信相结合的用户，如交通运输、调度指挥、搜索营救、地理信息实时查询等，而在救灾行动中的作用尤为明显。

2000年10月31日，"北斗导航"卫星01星发射，11月6日成功定点于140°E；2000年12月21日，"北斗导航"卫星02星发射，12月26日成功定点于80°E。两颗卫星顺利完成在轨性能的测试，性能参数满足研制任务要求，并且两颗卫星构成了双星导航定位系统，可为用户提供导航定位服务。2003年5月25日，"北斗导航"卫星03星发射，6月3日成功定点于110.5°E，它将作为备份星使用。2007年2月3日成功发射的北斗导航试验卫星04星，是接替01星继续服务的。也就是说，北斗双星导航定位系统由2颗静止轨道导航试验卫星和1颗在轨备份星、地面控制中心站（有2副天线）和"北斗"用户终端三部分组成。

"北斗一号导航系统"是区域导航卫星系统，已经投入运行的"北斗一号"试验导航卫星系统主要能为服务区域内的用户提供全天候、实时定位服务，可在我国及周边地区为单兵、车辆、舰船和飞机等用户提供精度为20~100m的定位服务，通过它一次可传送多达120个汉字的信息，其授时精度可达20ns。

2. 北斗二号

继美国的GPS系统升级，俄罗斯的GLONASS系统扩建，以及欧盟的"伽利略计划"之后，我国也继续升级了自己的全球导航卫星定位系统——"北斗第二代导航卫星网"。

北斗二号卫星可实现全球的定位与导航。"北斗第二代导航卫星网"由5颗静止轨道卫星和30颗非静止轨道卫星组成，采用东方红卫星平台，并提供两种服务方式：开放服务和授权服务。其中5颗静止轨道卫星，即高度为36000km的地球同步卫星；5颗静止轨道卫星在赤道上空的分布为：58.75°E、80°E、110.5°E、140°E和160°E，提供RNSS和RDSS信号链路。30颗非静止轨道卫星由27颗中地轨（MEO）卫星和3颗倾斜同步（IGSO）卫星组成，提供RNSS信号链，27颗中地轨卫星分布在倾角为55°的三个轨道平面上，每个面上有9颗卫星，轨道高度为21500km。

2007年4月14日，我国第一颗"北斗二号"导航卫星发生升空。2009年4月15日，第二颗"北斗二号"导航卫星发射升空。2010年陆续将第三颗至第七颗"北斗二号"导航卫星发射升空。2011年4月10日，成功将第八颗北斗导航卫星送入太空预定转移轨道。2011年7月27日，成功将第九颗北斗导航卫星送入太空预定转移轨道。2011年12月22日，成功将第十颗北斗导航卫星送入太空预定转移轨道。2012年2月25日凌晨0时12分，在西昌卫星发射中心用"长征三号丙"运载火箭，将第十一颗北斗导航卫星成功送入太空预定转移轨道。2012陆续发射5颗北斗卫星，完成覆盖亚太地区的计划，并将定位精度提高至10m。

单元小结

　　本单元介绍了 GPS 全球定位系统的组成、GPS 的限制性政策、GPS 的应用领域概述、近年来 GPS 的重大发展和其他的卫星定位系统，其目的是对 GPS 有初步的、概述性的了解。

　　在本单元的学习过程会遇到较多的 GPS 测量专业术语（如静态相对定位、GPS-RTK测量技术等），可查阅后续单元和相关专业资料。由于 GPS 技术发展迅速，并且渗透到日常生活的各方面，读者应多关注最新的发展动态。

单元 **2**　GPS 定位基准

【单元概述】

　　本单元主要阐述了 GPS 定位的坐标系统与时间系统。详细讲述了测量工作的天球坐标系、地球坐标系的基本原理及其相关概念；讲述了大地测量基准及其转换、高程基准与常用大地水准面模型和时间系统。

【学习目标】

　　通过学习，了解天球坐标系中岁差、章动的基本概念，掌握协议天球坐标系及其转换原理与方法；了解坐标系的基本概念、地极移动与协议地球坐标系的定义方法、协议地球坐标系与协议天球坐标系间的转换原理，掌握参心坐标系、站心坐标系的概念与定义方法，掌握高斯投影与横轴墨卡托投影的原理；掌握 WGS-84 坐标系、ITRF 参考框架、1954 北京坐标系与 1980 西安坐标系、地方独立坐标系的定义方法，掌握参数转换的方法；了解高程基准的概念与常用的大地水准面模型的确立方法；了解 GPS 定位的时间系统的时间标准。

　　坐标系统与时间系统是描述卫星运动，处理观测数据的表达定位结果的数学与物理基础。因此，了解与掌握常用坐标系统与时间系统，熟悉它们之间的转换关系，对 GPS 用户来说非常重要。

课题 1　坐标系的类型

　　在 GPS 测量与应用中，通常采用两类坐标系统：一类是天球坐标系，该系统与地球自转无关，称为空固坐标系，对于描述卫星的运动状态、确定卫星的轨道非常方便；第二类是地球坐标系，该类坐标系与地球状态相匹配，随地球一起运动，称为地固坐标系，它是一种非惯性坐标系，但对于表述点的位置和处理 GPS 观测成果非常方便。地固坐标系有多种表达方式，对 GPS 测量而言，最基本的是以地球质心为原点的地心坐标系。

　　坐标系是由坐标原点位置、坐标轴指向和尺度所定义的。在 GPS 定位中，坐标系原点一般取地球质心，而坐标轴的指向具有一定的选择性，为了使用上的方便，国际上都通过协议来确定某些全球性坐标系的坐标轴指向，这种共同确认的坐标系称为协议坐标系。

一、坐标系的定义

如果空间上任意一点 P 的位置，可以用一组基于某一时间系统时刻 t 的空间结构的数学描述来确定，则这个空间结构可以称为坐标系，数学描述称为 P 点在该坐标系中的坐标。牛顿运动学原理要求坐标系是惯性的，惯性是每个物体所固有的当没有外力作用时保持静止或匀速直线运动的属性。基于这个特性，惯性坐标系的定义需与时间无关，通常这样的坐标系需要三个属性来描述，首先一个是原点（O），就是坐标系的中心点，第二个是过原点的任意直线（此处称 Z 轴），第三个是过原点且与 Z 轴不重合的任意直线（此处称 X 轴），如果 X 轴与 Z 轴垂直，会带来较优美的数学描述，我们称这样的坐标系是笛卡尔坐标系。P 点的位置可以用 P 到原点的距离 r，OP 与 Z 轴的夹角，OP 与 X 轴的夹角来描述（当然也可以有其他等价描述），可以证明这个描述确定的 P 点是唯一的。

二、天球坐标

天球坐标系是利用基本星历表的数据把基本坐标系固定在天球上，星历表中列出一定数量的恒星在某历元的天体赤道坐标值，以及由于岁差和自转共同影响而产生的坐标变化。由于卫星不随地球自转，它只是在地球的引力下绕地球旋转。因此，用天球坐标系来描述卫星的运动位置与状态非常方便。

天球坐标系的定义是，原点 O 是地球质心，Z 轴指向地球自转轴，X 轴指向春分点，根据春分点定义可以得知 X 轴与 Z 轴相互垂直，且 X 轴在赤道面上，同时为方便数学描述，引入与 XOZ 成右手旋转关系的 Y 轴。由于地球受到其他天体（太阳、月亮）的影响产生进动，使得春分点发生变化（章动与岁差），导致用"瞬时天极"定义的坐标系不断发生旋转，因此，我们可以用某历元（时刻）的天极和春分点（协议天极与协议春分点）定义一个三轴指向不变的天球坐标系，称为固定极天球坐标系。

三、地球坐标系

随着地球一起运动，与地球体相固联的坐标系，称为地球坐标系。它用于描述地面观测站的位置。

地球坐标系定义为，原点 O 为地球质心，X 轴指向地球上赤道的某固定一"刚性"点，此处的"刚性"是指其自转速度与地球一致，同时也为数学描述方便，引入与 XOZ 成右手旋转关系的 Y 轴。由于地球不是一个严格的刚性球体，Z 轴在地球上随时间发生极移。同天球坐标系一样，需要指定一个固定极为 Z 轴，这样的地球坐标系称为固定极地球坐标系。

在 GPS 测量过程中，卫星采用天球坐标系进行定义，接收机采用地球坐标系进行定义。因此，要确定接收机的位置，需实现坐标系间的转换，即将卫星所在的天球坐标系转换至地球坐标系。

四、协议坐标系

上述的天球坐标系中的 Z 轴指向北天极，地球坐标系中的 Z 轴指向地球北极。由于受到星球间的万有引力作用，北天极与地球北极是运动变化的，为建立固定的坐标系，国际上通过会议确定了固定的天轴指向和地极位置，由此建立的天球坐标系与地球坐标系称为协议天球坐标系与协议地球坐标系。

通常，理论上坐标系由定义的坐标原点和坐标轴指向来确定。坐标系一经定义，任意几何点都具有唯一一组在该坐标系内的坐标值，反之，一组该坐标系内的坐标值就唯一地定义了一个几何点。在实际应用中，已知若干参考点的坐标值后，通过观测又可反过来定义该坐标系。一般将由原点和坐标轴指向来确定坐标系的方式称为坐标系的理论定义。而由一系列已知点所定义的坐标系称为协议坐标系，这些已知参考点构成所谓的坐标框架。在点位坐标值不存在误差的情况下，这两种方式对坐标系的定义是一致的。事实上点位的坐标值通常是通过一定的测量手段得到，它们总是有误差的，由它们定义的协议坐标系与原来的理论定义的坐标系会有所不同，凡依据这些点测定的其他点位坐标值均属于这一协议坐标系而不属于理论定义的坐标系。由坐标框架定义的固定极天球坐标系和固定极地球坐标系，称为协议天球坐标系和协议地球坐标系。

五、大地测量基准

一个完整的坐标系统，除了定义坐标系外，还需要定义基准。所谓基准就是在指定坐标系中的尺度单位和基本的点、线、面（如椭球面、水准面等）。在大地测量中，基准是指用以描述地球形状的参考椭球的参数，如参考椭球的长短半轴，以及参考椭球在空间中的定位及定向，还有在描述这些位置时所采用的单位长度的定义。

课题2　天球坐标系

一、天球的基本概念

所谓天球，是指以地球质心 M 为中心，半径 r 为任意长度的一个假想球体。在天文学中，通常把天体投影到天球的球面上，并利用球面坐标来来表达或研究天体间的关系。

为建立曲面坐标系，需确定球面上的一些参考点、线、面与圈，如图2-1所示。

1. 天轴与天极

地球自转轴的延伸直线称为天轴，

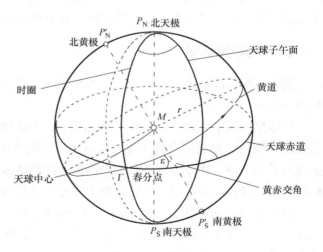

图2-1　天球的概念

天轴与天球面的交点 P_N 与 P_S 称为天极，其中 P_N 为北天极，P_S 为南天极。

2. 真天极与平天极

真天极为天极的瞬时位置，平天极为真天极扣除章动后的位置。

3. 天球赤道面与天球赤道

通过地球质心 O 与天球垂直的平面，称为天球赤道面。该赤道面与天球相交的大圆称为天球赤道。

4. 天球子午面与子午圈

包含天轴并通过任一点的平面，称为天球子午面，天球子午面与天球相交的大圆称为天球子午圈。

5. 时圈

通过天轴的平面与天球相交的大圆称为时圈。

6. 黄道与黄赤夹角

地球公转的轨道面与天球相交的大圆称为黄道，也就是地面上观测者所看到的太阳相对于恒星的运行轨道。黄道与赤道的夹角称为黄赤夹角（黄赤夹角 $\varepsilon = 23.5°$）。

7. 黄极

通过天球中心垂直于黄道面的直线与天球的交点称为黄极。其中靠近北天极的交点称为北黄极，靠近南天极的交点称为南黄极，其中 $P_N{}'$ 为北黄极，$P_S{}'$ 为南黄极。

8. 春分点

太阳在黄道上从南半球向北半球运行，黄道与天球赤道的交点称为春分点，用 Γ 表示。春分之前，春分点位于太阳以东；春分过后，春分点位于太阳以西。

在天文和卫星大地测量学中，春分点与天球赤道面是建立坐标系的重要基点与基准面。

二、天球坐标系的概念

任一天体 S 的位置，在天球坐标系中可用天球空间直角坐标系和天球球面坐标系来表示，如图 2-2 所示。

1. 天球空间直角坐标系

该坐标系定义为：原点 O 位于地球质心 M 处，Z 轴指向天球北天极 P_N，X 轴指向春分点 Γ，Y 轴垂直于 XOZ 平面，与 X、Z 轴构成右手坐标系。因此，任一天体 S 的位置，可用 (X, Y, Z) 表示。

2. 天球球面坐标系

在天球球面坐标系中，任一天体 S 的位置为 (α, δ, r)。该坐标系的定义为：原点 O 位于地球质心 M，以过春分点 Γ 的天球子午面和赤道面为基准面，赤经 α 为春分点的子午面与过天球 S 的天球子午面间的夹角，赤纬 δ 为原点 O 至天体 S 的连线与天球赤道面之间的夹角，径向 r 为原点 O

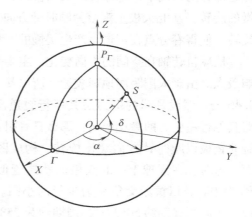

图 2-2　天球空间直角坐标系与天球球面坐标系

到天体 S 的距离。各坐标的的正方向均以图2-2中箭头所指方向为正。

在天球球面坐标系中，通常以原点至天球的径向距离 r 为第一参数，以 XOZ 子午面（包含春分点的面）与包含 S 点的子午面的夹角（赤经 α）为第二参数，径向距离 r 与天球赤道面之间的夹角（赤纬 δ）为第三参数。

3. 天球空间直角坐标系与天球球面坐标系间的转换

对同一空间点，这两种坐标系的表达是等价的，其转换关系为

$$\begin{pmatrix} X \\ Y \\ Z \end{pmatrix} = r \begin{pmatrix} \cos\delta\cos\alpha \\ \cos\delta\sin\alpha \\ \sin\delta \end{pmatrix} \tag{2-1}$$

或

$$\begin{cases} r = \left(X^2 + Y^2 + Z^2 \right)^{1/2} \\ \alpha = \arctan \dfrac{Y}{X} \\ \delta = \arctan \dfrac{Z}{\sqrt{X^2 + Y^2}} \end{cases} \tag{2-2}$$

实践中，天球坐标系中两种表达方式的应用都很普遍。由于天球坐标系与地球的自转无关，因此对于描述天体和卫星的位置与运动状态很方便。特别是当选定的基本参考点北天极和春分点固定时，该天球坐标系基本是一个惯性坐标系，非常适用于研究卫星运动。

三、岁差与章动

1. 岁差

由上述定义可知，天球坐标系的建立是基于地球为均质的球体且没有天体摄动力影响的理想状态，即假设地球自转轴在空间中的指向是固定的，春分点在天球上的位置保持不变。但是，由于地球的形体是接近于一个赤道隆起的椭球体，在日月引力和其他天体引力对地球隆起部分的作用下，地球在绕太阳公转时，自转轴方向将发生变化，在空间绕北黄极产生缓慢的旋转（从北天极上观察为顺时针方向），使北天极以同样的方式在天球上绕北黄极产生旋转，使得春分点在黄道上产生缓慢的西移，这种现象称为岁差。

地球自转轴在空间的方向变化，主要是日月引力共同作用的结果，其中以月球的引力影响最大。由于太阳距离地球较远，所以其引力的影响仅为月球的0.46倍。假设月球的引力及其运行轨道面都固定不变，同时忽略其他行星引力的微小影响，那么日月引力的影响，仅使北天极绕北黄极以顺时针方向缓慢旋转，构成图2-3所示的一个圆锥面。这时，在天球上，北天极的轨迹近似地构成一个以北黄极 P''_N 为中心，以黄赤交角 ε 为半径的小圆。在这个小圆上，北天极每年向西移动约50.371″，周期约为25800年。由于北天极 P_N 的移动，也使得相应的天球赤道和春分点也产生变化，这种现象称为日月岁差。

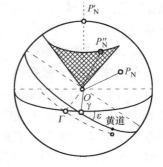

图2-3 岁差影响

另外，其他行星对地球的微小引力，虽不足以改变地球自转轴在空间中的指向，但它使得地球公转轨道面（黄道面）产生微小变化，从而使春分点的位置产生微小变化，这种现象称为行星岁差。日月岁差与行星岁差对北天极与春分点的影响称为总岁差。

2. 章动

由于月球的运动轨迹及月地之间距离是不断变化的，因而，对地球的引力方向与大小也在不断变化，进而使北天极在天球上绕北黄极旋转的轨迹不是平滑的小圆运动，而是沿着类似圆的波浪曲线向西运动。也就是说，在岁差圆周运动上叠加了振幅很小的短周期分量，这种现象称为章动。

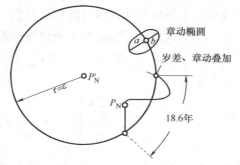

图 2-4　章动影响

如果把仅有岁差影响的北天极称为瞬时平北天极，那么与其相应的天球赤道与春分点则称为瞬时天球平赤道和瞬时平春分点；把观测时的北天极称为瞬时北天极（或称为真天极），而与之相应的天球赤道与春分点称为瞬时天球赤道和瞬时春分点（或称为真天球赤道和真春分点）。那么在章动影响下，瞬时北天极将绕瞬时平北天极产生旋转，大致成为椭圆形轨迹，其长半径约为 9.2″，周期约为 18.6 年，如图 2-4 所示。

综上所述，为了描述北天极在天球上的运动，通常把这种复杂的运动分解为两种有规律的运动：一是平北天极绕北黄极运动，即岁差现象；二是瞬时北天极绕平北天极顺时针转动，即章动现象。

四、协议天球坐标系及其转换

1. 协议天球坐标系

以瞬时北天极和瞬时春分点为基准建立的天球坐标系，称为瞬时天球坐标系（或称为真天球坐标系）；以瞬时平北天极和瞬时春分点为基准的天球坐标系，称为瞬时平天球坐标系。但是，由于岁差与章动的影响，瞬时天球坐标系的轴向是不断变化的，即它是一个不断旋转的非惯性坐标系。在这种坐标系中，不能直接根据牛顿力学定律来研究卫星的运动规律，也不能作为统一的坐标系。

为建立一个统一的，与惯性坐标系相接近的天球坐标系，人们通常选择某一时刻 t_0 作为标准历元，将此历元的地球自转轴和春分点方向分别扣除瞬间的章动值后作为 Z 轴和 X 轴的指向，则 Y 轴与 X、Z 构成右手天球坐标系。这样构成的天球坐标系实际上是 t_0 历元的瞬时平天球坐标系，称为标准历元 t。平天球坐标系或协议天球坐标系，也称为协议惯性坐标系（Conventional Inertial System，CIS），天体的星历通常都是在该坐标系中表示的。国际大地测量协会和国际天文学联合会决定，从 1984 年 1 月 1 日启用的协议天球坐标系，其坐标轴指向是以 2000 年 1 月 15 日 TDB（太阳质心力学时）为标准历元（标以 J2000.0）的赤道和春分点定义的，称为 J2000.0 协议天球坐标系。其定义为：原点位于地球质心，Z 轴向北指向 J2000.0 平赤道的极点，X 轴指向 Y J2000.0 平春分点，X 轴与 X、Z 轴构成右手坐标系。

2. 协议天球坐标系的转换

为实现协议天球坐标系与观测历元 t 时刻的瞬时天球坐标系之间的转换，通常需要两个步骤：首先将协议天球坐标系的坐标转换至观测瞬间的平天球坐标系坐标，然后再将观测瞬间的平天球坐标系转换至观测瞬间的真天球坐标系中。

（1）协议天球坐标系至瞬时天球坐标系的转换（岁差转换） 由上述定义可知，协议天球坐标系与瞬时平天球坐标系的差别，主要在于岁差引起的坐标轴指向不同。所以，为了进行协议天球坐标系至瞬时平天球坐标系的转换，需将协议天球坐标系和坐标轴加以旋转。定义 $(X, Y, Z)_{\text{CIS}}^{\text{T}}$ 和 $(X, Y, Z)_{\text{TMS}}^{\text{T}}$ 分别为协议天球坐标系和瞬时平天球坐标系的坐标，其间关系为：

$$\begin{pmatrix} X \\ Y \\ Z \end{pmatrix}_{\text{TMS}} = \boldsymbol{R}_Z(-Z_A) \cdot \boldsymbol{R}_Y(\theta_A) \cdot \boldsymbol{R}_Z(\zeta_A) \begin{pmatrix} X \\ Y \\ Z \end{pmatrix}_{\text{CIS}} \tag{2-3}$$

式中 ζ_A、θ_A、Z_A——岁差参数，其表达式为：

$$\zeta_A = 0.6406161°T - 0.0003041°T^2 + 0.0000051T^3$$
$$\theta_A = 0.6406161°T + 0.0001185°T^2 - 0.0000116T^3 \tag{2-4}$$
$$Z_A = 0.6406161°T + 0.0000839°T^2 + 0.0000050T^3$$

式（2-4）中，$T = (t - t_0)$ 表示从标准历元 t_0 至观测历元 t 的儒略实际数。儒略是公元前罗马恺撒大帝所实行的一种方法，称为儒略历。一个儒略世纪为 36525 个儒略日。儒略日是从公元前 4713 年儒略历 1 月 1 日格林尼治平正午算起的连续天数。新标准历元 J2000.00 相应的儒略日为 2451545.0。

（2）瞬时平天球坐标系至瞬时天球坐标系的转换（章动转换） 瞬时平天球坐标系经章动旋转后可转换为瞬时天球坐标系。定义 $(x, y, z)_{\text{TS}}^{\text{T}}$ 为瞬时天球坐标系的坐标，则瞬时平天球坐标系至瞬时坐标系至瞬时天球坐标系的转换公式为：

$$\begin{pmatrix} X \\ Y \\ Z \end{pmatrix}_{\text{TS}} = \boldsymbol{R}_X(-\varepsilon - \Delta\varepsilon) \cdot \boldsymbol{R}_Z(-\Delta\varphi) \cdot \boldsymbol{R}_X(\varepsilon) \begin{pmatrix} X \\ Y \\ Z \end{pmatrix}_{\text{TMS}} \tag{2-5}$$

式中 ε、$\Delta\varepsilon$、$\Delta\varphi$——黄赤夹角、交角章动和黄经章动。

在地球自转轴的影响下，黄道与赤道的交角表示为：

$$\varepsilon = 23°26'21.488'' - 46.8150''T - 0.00059T^2 + 0.001813T^3 \tag{2-6}$$

对于 $\Delta\varepsilon$ 与 $\Delta\varphi$，根据章动理论，其常用表达式是含有多达 106 项的复杂级数展开式。在天文年历中载有这些展开式的系数值，根据 T 值可精确计算 $\Delta\varepsilon$ 与 $\Delta\varphi$。

由式（2-3）与式（2-5）可得出协议天球坐标系的坐标转换公式为：

$$\begin{pmatrix} X \\ Y \\ Z \end{pmatrix}_{\text{TS}} = \boldsymbol{R}_{XZX}\boldsymbol{R}_{ZYZ} \begin{pmatrix} X \\ Y \\ Z \end{pmatrix}_{\text{CIS}} \tag{2-7}$$

式中，$\boldsymbol{R}_{XZX}$、$\boldsymbol{R}_{ZYZ}$——章动转换矩阵、岁差转换矩阵，且：

$$R_{XZX} = \boldsymbol{R}_X(-\varepsilon - \Delta\varepsilon) \cdot \boldsymbol{R}_Z(-\Delta\varphi) \cdot \boldsymbol{R}_X(\varepsilon)$$

$$R_{ZYZ} = \boldsymbol{R}_Z(-Z_A) \cdot \boldsymbol{R}_Y(\theta_A) \cdot \boldsymbol{R}_Z(\zeta_A)$$

在实际工作中，坐标系的转换，都借助计算机及其相应的软件自动完成，对于 GPS 应用者，有必要了解各种天球坐标系的定义及其转换的基本概念。

课题 3　地球坐标系

由于地球的点随地球自转一起运动，所以，用天球坐标表示地球上的点很不方便。因此，为描述地面点，应建立与地球体相应的坐标系，即地球坐标系。地球坐标系可分为地心坐标系和参心坐标系

一、地球坐标系的概念

1. 地心空间直角坐标系

地心空间直角坐标点的定义是：原点 O 与地球质心重合，Z 轴指向地球北极，X 轴指向地球赤道面与格林尼治子午圈的交点 E，Y 轴在赤道平面里与 XOZ 平面构成右手坐标系，如图 2-5 所示。

地面上任一点在空间直角坐标系中的位置可表示为 $P(X, Y, Z)$。

2. 地心大地坐标系

地心大地坐标系的定义是：地球椭球的中心与地球质心（质量中心）M 重合，椭球的短轴与地球自转轴重合。地心大地经度 L 是过地面点的椭球子午面与格林尼治天文台子午面的夹角；地心大地纬度 B 是过点的椭球法线（与参考椭球面正交的直线）和椭球赤道面的夹角；大地高 H 是地面点沿椭球法线到地球椭球面的距离。

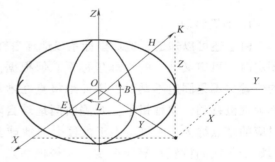

图 2-5　地心空间直角
坐标系与地心大地坐标系

地面上的一点在大地坐标系中的位置可表示为 $P(B, L, H)$，如图 2-5 所示。

3. 空间直角坐标系与大地坐标系的转换

显然，任一点 P 在地球坐标系中的位置，可表示为 (B, L, H) 或 (X, Y, Z)，二者是等价的。这两种坐标均属统一地球坐标系，其转换关系为：

（1）大地坐标系转换为空间直角坐标系　公式为：

$$\begin{cases} X = (N+H)\cos B\cos L \\ Y = (N+H)\cos B\sin L \\ Z = [N(1-e^2)+H]\sin B \end{cases} \tag{2-8}$$

式中　N——椭球面卯酉圈的曲率半径，$N = \dfrac{a}{W}$；

W——第一辅助系数，$W = \sqrt{(1 - e^2 \sin^2 B)}$；

e——椭球的第一偏心率，$e = \dfrac{\sqrt{a^2 - b^2}}{a}$；

a、b——椭球的长短半径。

（2）空间直角坐标系转换为大地坐标 公式为：

$$\begin{cases} B = \arctan\left[\tan\phi\left(1 + \dfrac{ae^2}{Z}\dfrac{\sin B}{W}\right)\right] \\ L = \arctan\left(\dfrac{Y}{X}\right) \\ H = \dfrac{R\cos\phi}{\cos B} - N \end{cases} \tag{2-9}$$

式中

$$\phi = \arctan\left[\dfrac{Z}{(X^2 + Y^2)^{1/2}}\right]$$

$$R = (X^2 + Y^2 + Z^2)^{1/2}$$

二、地极移动与协议地球坐标系

1. 地极移动

由上述可以知道，地球坐标系以地球自转轴为基准轴。当地球自转轴在地球内的位置固定时，可定义唯一的地球坐标系。但根据大量实测资料证明，地球自转轴相对于地球的位置并不是固定不动的，因而地极点在地球表面上的位置会随时间而变化，这种现象称为地极移动，简称极移。观测瞬间地球自转轴所处的位置，称为瞬时地球自转轴，而对应的基点称为瞬时极。由于极移引起地球坐标系的 Z 轴方向发生，从而使地球赤道与起始子午线的位置均有所改变，使得地面点的坐标产生变化。

为描述地极移动的规律，取一平面直角坐标系，表达地极的瞬时位置，如图2-6所示。P_0 为地极的某一平均位置，称为平极。以 P_0 为原点，以过 P_0 的切平面建立 OX_PY_P 坐标系，X_P 轴指向格林尼治曲线方向，Y_P 轴指向格林尼治子午面以西90°的子午线方向。任一历元 t 的瞬时极 P 的位置用坐标（X_P、Y_P）表示。

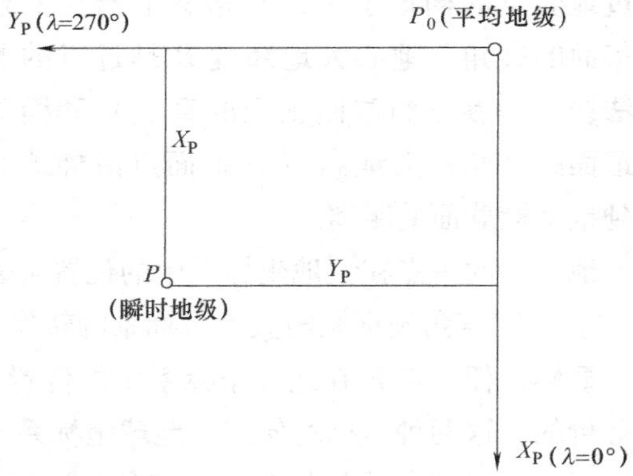

图2-6 地极坐标系

由于地极移动使地球坐标系的轴向发生变化，因此以瞬时地极所定义的地球坐标系是一变化的坐标系，这就给实际工作带来诸多困难。为解决这一问题，通常选定某一固定的平极 P_0 来建立地球坐标系。选择平极 P_0 主要有两种方法：一种是历元平极；另一种是国际协议平极。历元平极是该历元的瞬时极消除了极移周期运动后的平均位置。国际协议平极是在 1976 年国际天文学会和国际大地测量与地球物理联合会共同召开的第 32 次讨论会上建议采用的平均地极。该平极是根据国际上 5 个纬度服务站，于 1900 年至 1905 年的纬度观测结果所确定的平均地极位置，该平极位置是相应上述期间地球自转轴的平均位置，通常称为国际协议原点（Conventional International Origin，CIO），又称为协议地极（Conventional Terrestrial Pole，CTP）。与协议地极相对应的地球赤道称为平赤道或协议赤道。

1968 年国际时间局（Bureau International de I'Heure，BIH）决定用通过国际协议原点和格林尼治天文台的子午线作为起始子午线，以该子午线与协议赤道面的交点 E_{CTP} 作为经度零点，故该起始子午线称为 BIH 零子午线，它是与协议地极相对应的。目前，该起始子午线是由国际上若干天文台来保持的，故又称为格林尼治平均天文台起始子午线，简称格林尼治平起始子午线。

2. 瞬时地球坐标系与协议地球坐标系

瞬时地球坐标系是指历元 T 的瞬时地极 P_T 定义的。其坐标原点在地球质心，Z_T 轴指向地球的瞬时地极 P_T（真地极），X_T 轴指向地球的瞬时地极和 E_{CTP} 构成的格林尼治平起始子午线与真赤道的交点 E，Y_T 轴与 X_T、Z_T 轴构成右手坐标系。

协议地球坐标系（Conventional Terrestrial System，CTS）是以协议地极 CTP 定义的坐标系，其坐标原点在地球质心，Z 轴指向地球的协议地极 CTP，X 轴指向 BIH 经度零点 E_{CTP}，Y 轴与 X、Z 轴构成右手坐标系。

图 2-7 给出了两坐标系的关系。当两坐标系采用的尺度相同时，两坐标系的空间直角坐标的转换关系为：

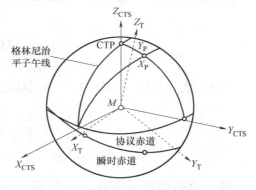

图 2-7　瞬时地球坐标系与协议地球坐标系

$$\begin{pmatrix} X \\ Y \\ Z \end{pmatrix}_{CTS} = M \begin{pmatrix} X \\ Y \\ Z \end{pmatrix}_{TS} \qquad (2\text{-}10)$$

考虑到地极移动为微小量，仅取至一次微小量，则有：

$$M = \begin{pmatrix} 1 & 0 & X_P \\ 0 & 1 & -Y_P \\ -X_P & Y_P & 1 \end{pmatrix}$$

三、协议地球坐标系与协议天球坐标系的转换

在 GPS 测量中，若需根据 GPS 卫星的已知位置确定地面点的位置时，需要将 GPS 卫星在协议天球系中坐标转换到协议地球坐标系中的坐标，转换步骤如图 2-8 所示。图中除第三个步骤外，其余步骤的转换方法在前文已叙述，下面仅介绍由瞬时天球坐标系转换至瞬时地球坐标系的方法。

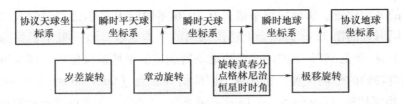

图 2-8　协议地球坐标系与协议天球坐标系的转换流程图

根据瞬时天球坐标系和瞬时地球坐标系的定义可知，两坐标系存在如下联系与区别：

1）两坐标系的原点均位于地球的质心，故其原点位置相同。

2）两坐标系的 Z 轴指向相同。

3）两坐标系的 X 轴指向不同，其间夹角为春分点的格林尼治恒星时。

若以 GAST 表示春分点的格林尼治恒星时，则两坐标系之间的转换关系为：

$$
\begin{pmatrix} X \\ Y \\ Z \end{pmatrix}_t = \begin{pmatrix} \cos(\mathrm{GAST}) & -\sin(\mathrm{GAST}) & 0 \\ -\sin(\mathrm{GAST}) & \cos(\mathrm{GAST}) & 0 \\ 0 & 0 & 1 \end{pmatrix} \begin{pmatrix} X \\ Y \\ Z \end{pmatrix}_{\mathrm{TS}} = \boldsymbol{R}_Z(\mathrm{GAST}) \begin{pmatrix} X \\ Y \\ Z \end{pmatrix}_{\mathrm{TS}} \tag{2-11}
$$

结合式（2-10），有：

$$
\begin{pmatrix} X \\ Y \\ Z \end{pmatrix}_{\mathrm{CTS}} = \boldsymbol{M}\boldsymbol{R}_Z(\mathrm{GAST}) \begin{pmatrix} X \\ Y \\ Z \end{pmatrix}_{\mathrm{TS}} \tag{2-12}
$$

再结合式（2-3）和式（2-5）可得协议天球坐标系与协议地球坐标系的转换公式为：

$$
\begin{pmatrix} X \\ Y \\ Z \end{pmatrix}_{\mathrm{CTS}} = \boldsymbol{M}\boldsymbol{R}_Z(\mathrm{GAST}) R_{XZX} R_{ZYZ} \begin{pmatrix} X \\ Y \\ Z \end{pmatrix}_{\mathrm{CIS}} \tag{2-13}
$$

四、地心坐标系与参心坐标系

1. 地心坐标系

凡是以地球质心为坐标原点建立的地球坐标系，统称为地心坐标系。因此，上述的瞬时地球坐标系与协议地球坐标系均属于地心坐标系范畴。但实际上，为建立一个固定的、统一的坐标系，地心坐标系通常是以协议地极 CTP 和 BIH 经度零点来定义的。因此，实用的地心坐标系通常都是地球协议坐标系。地心坐标系是一个全球统一的坐标系，它对航天技术、远程武器发射和地球科学研究等都具有十分重要的作用。

虽然地心坐标系可以按照以地球质心为原点，Z 轴指向协议地极，X 轴指向 BIH 经度零点，Y 与 X、Z 轴构成右手坐标系，唯一地定义下来，但实际上要建立一个精密的地心坐标系，要靠全球实测数据，这在人造地球卫星发射成功以前是相当困难的。自 20 世纪 50 年代以来，由于航天技术与军事方面的迫切需要，一些国家投入大量人力、物力研究和建立地心坐标系。

要建立一个地心坐标系必须满足以下三个条件：

1）确定总地球椭球。这个椭球的大小和形状要同大地体最佳吻合，即相对这个椭球的大地水准面起伏之和等于零。

2）地心定位与定向。坐标系原点建立于地球质心，起始子午面与 BIH 平均零子午面重合，Z 轴同国际协议地极 CIP 重合。

3）尺度。采用标准的国际米作为测量长度的尺度。

随着空间技术的发展，各国都在进行洲际间天文大地网联测和各种卫星测地工作，根据收集到的全球天文、大地、重力测量和卫星测量、甚长基线干涉测量等资料，推算出了总地球椭球，相继建立了地心坐标系，并将不断优化。特别是随着高精度的激光测月、卫星激光测距资料的增多，建立的地心坐标系精度日益提高。归纳起来大体有：美国国防部的世界大地坐标系 WGS 系列，美国海军兵器研究所的 NWL 系列，史密松天文物理观测台的标准地球SE 系列，戈达德宇航中心的地球模型 GEM 系列，国际地球自转服务的 ITRF 系列，我国地心坐标系 DX 系列等。由于各地心坐标系建立年代、资料和测量精度均不相同，各坐标系之间必然存在差异。

2. 参心坐标系

各个国家或地区为了处理大地测量成果，计算点位坐标，测绘地图和进行工程建设，需要建立一个适合本国的大地坐标系。其建立的方法通常是，选用一个大小和形状与地球相近的椭球作为基本参考面，选择一个参考点作为大地测量的起算点（称为大地原点 T），通过大地原点的天文测量，确定大地原点 T 的大地纬度 B_T、大地经度 L_T 及它至一相邻点的大地方位角 A_T，按椭球短轴与地球自转轴相平行，椭球起始子午面与格林尼治起始子午面相平行，椭球面与本地区的大地水准面充分密合的条件，将椭球在地球内部的位置和方向确定下来。显然，选择建立的坐标系是以椭球中心为坐标原点的，而椭球一般不会与地球质心重合，故称为参心坐标系，其相应的椭球称为参考椭球。

目前，世界上 100 多个国家和地区已建立了 200 多个参心坐标系。这些坐标系选用的参考椭球不同，椭球的实际定位和定向不同，坐标系坐标原点不同。它们只能满足各自的需要，不是全球统一的坐标系，故参心坐标系又称为局部大地坐标系。

参心坐标系可分为参心空间直角坐标系和参心大地坐标系。

（1）参心空间直角坐标系　参心空间直角坐标系包含如下内容：

1）以参心 O 为坐标原点。

2）Z 轴与参考椭球的短轴（旋转轴）相重合。

3）X 轴与起始子午面和赤道面的交线重合。

4）Y 轴在赤道面上与 X 轴垂直，构成右手坐标系。

地面点任一点位置在参心空间直角坐标系中可以用 (X, Y, Z) 表示。

（2）参心大地坐标系　参心大地坐标系以参考椭球中心为坐标原点，椭球的短轴与参考椭球旋转轴重合。

1）大地纬度 B——过地面点的椭球法线与椭球赤道面的夹角。

2）大地经度 L——过地面点的椭球子午面与起始子午面之间的夹角。

3）大地高 H——地面点沿椭球法线至椭球面的距离。

地面点任一点位置在参心大地坐标系中可以用（B，L，H）表示。

五、站心坐标系

站心坐标系是以地面台、站中心为坐标原点而建立的坐标系。在导弹和卫星发射，测量站跟踪测量和实时处理中，广泛采用站心坐标系。站心坐标系分为地平直角坐标系和站心极坐标系。

站心地平直角坐标系是以测站的椭球法线方向为 Z 轴，以测站大地子午线北端与大地地平面交线为 X 轴，Y 轴与 XOZ 平面构成左手坐标系。

GPS测量确定的是点之间的对应位置，即两点之间的基线向量，一般用空间直角坐标差（ΔX，ΔY，ΔZ）$^\mathrm{T}$ 或大地坐标系差（ΔB，ΔL，ΔH）$^\mathrm{T}$ 表示。如果建立以已知点为原点（X_0，Y_0，Z_0）的站心地平直角坐标系，则任一点 j 在该站心坐标系内的坐标与基线向量的关系为：

$$\begin{pmatrix} x_j \\ y_j \\ z_j \end{pmatrix}_{\text{站}} = \begin{pmatrix} -\sin B_0 \cos L_0 & -\sin B_0 \sin L_0 & \cos B_0 \\ -\sin L_0 & \cos L_0 & 0 \\ -\cos B_0 \cos L_0 & \cos B_0 \sin L_0 & \sin B_0 \end{pmatrix} \begin{pmatrix} \Delta X \\ \Delta Y \\ \Delta Z \end{pmatrix} \tag{2-14}$$

式中　B_0、L_0——站心坐标系原点的大地坐标。

站心极坐标系是以测站点的铅垂线为准，以测站点到某点的空间距离 D，天顶距 Z 和大地方位角 A 表示该点的位置。

六、高斯-克吕格投影与横轴墨卡托投影

1. 高斯-克吕格投影

地球椭球面是不可展开的曲面，无论用什么投影方式将其投影到平面上，都会产生变形。地球投影过程中产生的变形有三种：角度变形、长度变形和面积变形。变形虽不可避免，但可以通过某种方式使三种变形中的某一种或两种变形为零，也可以使各种变形减小到某一适当程度，以满足不同用途对地图投影的需要。在投影过程中，若保持角度不变形，仅长度和面积变形，这种投影叫等角投影，也叫正形投影。由于该投影在无穷小范围内使地图上的图形同椭球面上的原型保持相似，因而得到了广泛应用。高斯-克吕格投影就是正形投影的一种。

高斯-克吕格（Gauss-Kruger）投影是一种"等角横切圆柱投影"，由德国数学家、物理学家、天文学家高斯（Carl Friedrich Gauss）于19世纪20年代拟定，后经德国大地测量学家克吕格（Johannes Kruger）于1912年对投影公式加以补充而得名。设想用一个圆柱横切于球面上投影带的中央经线，按照投影带中央经线投影为直线且长度不变以及赤道投影为直线的条件，将中央经线两侧一定经差范围内的球面正形投影于圆柱面；然后将圆柱面沿过南北极的母线剪开展平，即获高斯-克吕格投影平面，如图2-9所示。

高斯-克吕格投影后，除中央经线和赤道为直线外，其他经线均为对称于中央经线的曲线。高斯-克吕格投影没有角度变形，在长度和面积上变形也很小，中央经线无变形，自中

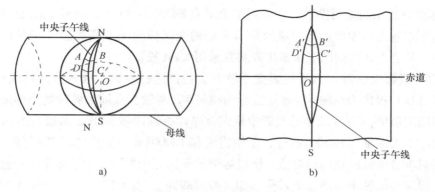

图 2-9　高斯-克吕格投影示意图

央经线向投影带边缘，变形逐渐增加，变形最大处在投影带内赤道的两端。由于其投影精度高，变形小，而且计算简便（各投影带坐标一致，只要算出一个带的数据，其他各带都能应用），因此在大比例尺地形图中经常应用，也可以满足军事上的各种需要，并能在图上进行精确的量测计算。

高斯-克吕格投影是按分带方法各自进行投影，故各带坐标成独立系统。以中央经线投影为纵轴 X，赤道投影为横轴 Y，两轴交点即为各带的坐标原点。纵坐标以赤道为零起算，赤道以北为正，以南为负。我国位于北半球，纵坐标均为正值。横坐标如以中央经线为零起算，中央经线以东为正，以西为负，横坐标出现负值，使用不便，故规定将坐标纵轴西移500km 当做起始轴，凡是带内的横坐标值均加 500km。由于高斯-克吕格投影每一个投影的坐标都是对本带坐标原点的相对值，所以各带的坐标完全相同，为了区别某一坐标系统属于哪一带，在横轴坐标前加上带号，如（4231898m，21655933m），其中 21 即为带号。

2. 横轴墨卡托投影

（1）UTM 投影（通用横轴墨卡托投影）简介　UTM（Universal Transverse Mercator）投影全称为"通用横轴墨卡托投影"，是一种"等角横轴割圆柱投影"，椭圆柱割地球于南纬80°、北纬 84°两条等高圈，投影后两条相割的经线上没有变形，而中央经线上长度比为0.9996，在 6°带内最大长度变形不超过0.04%。UTM 投影是为了全球战争需要创建的，美国于 1948 年完成这种通用投影系统的计算。与高斯-克吕格投影相似，该投影角度没有变形，中央经线为直线，且为投影的对称轴，中央经线的比例因子取 0.9996 是为了保证离中央经线左右约 330km 处有两条不失真的标准经线，如图 2-10 所示。

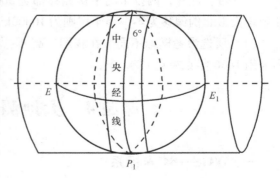

图 2-10　横轴墨卡托投影示意图

（2）UTM　UTM 投影分带方法与高斯-克吕格投影相似，是自西经 180°起每隔经差 6°自西向东分带，将地球划分为 60 个投影带。

UTM 是国际比较通用的地图投影，主要用于全球自 84°N 至 80°S 之间地区的制图。美国编制世界各地军用地图和地球资源卫星像片所采用的全球横轴墨卡托投影（UTM）是横轴墨卡托投影的一种变型。我国的卫星影像资料常采用 UTM 投影。

（3）UTM 投影坐标系　UTM 投影按分带方法各自进行投影，故各带坐标成独立系统。以中央经线（L_0）投影为纵轴 X，赤道投影为横轴 Y，两轴交点即为各带的坐标原点。为了避免横坐标出现负值，UTM 北半球投影中规定将坐标纵轴西移 500km 当做起始轴，而 UTM 南半球投影除了将纵轴西移 500km 外，横轴将南移 10000km。由于 UTM 投影每一个投影带的坐标都是对本带坐标原点的相对值，所以各带的坐标完全相同，为了区别某一坐标系统属于哪一带，通常在横轴坐标前加上带号，如（4231898m，21655933m），其中 21 即为带号。

3. 高斯-克吕格投影与 UTM 投影的异同

高斯-克吕格投影与 UTM 投影都是横轴墨卡托投影的变种，目前一些国外的软件或国外进口仪器的配套软件往往不支持高斯-克吕格投影，但支持 UTM 投影，因此常有把 UTM 投影当做高斯-克吕格投影的现象。两者的区别主要体现在以下四点：

（1）投影几何方式不同　从投影几何方式看，高斯-克吕格投影是"等角横切圆柱投影"，投影后中央经线保持长度不变，即比例系数为 1；UTM 投影是"等角横轴割圆柱投影"，圆柱割地球于南纬 80°、北纬 84°两条等高圈，投影后两条割线上没有变形，中央经线上长度比为 0.9996。

（2）计算结果不同　从计算结果看，两者主要差别在比例因子上，高斯-克吕格投影中央经线上的比例系数为 1，UTM 投影为 0.9996，高斯-克吕格投影与 UTM 投影可近似采用 X [UTM]＝0.9996×X [高斯]，Y [UTM]＝0.9996×Y [高斯]，进行坐标转换（注意：如坐标纵轴西移了 500km，转换时必须将 Y 值减去 500000 乘上比例因子后再加 500000）。

（3）分带方式不同　从分带方式看，两者的分带起点不同，高斯-克吕格投影自 0°子午线起每隔经差 6°自西向东分带，第一带的中央经度为 3°；UTM 投影自西经 180°起每隔经差 6°自西向东分带，第一带的中央经度为 –177°。因此，高斯-克吕格投影的第一带是 UTM 的第三十一带。此外，两投影的东伪偏移都是 500km，高斯-克吕格投影北伪偏移为零，UTM 北半球投影北伪偏移为零，南半球则为 10000km。

（4）所选参考椭球不同　在我国，高斯-克吕格投影采用 1975 年国际椭球体；UTM 投影采用 1866 年克拉克椭球。

课题 4　大地测量基准及换算

一、WGS—84 坐标系

WGS—84 坐标系即 1984 年世界大地系统，是一个全球地心参考框架、一组相应模型（包括地球重力场模型）和 WGS—84 大地水准面所组成的测量参照系。WGS—84 提供了一个易于使用的单一、标准三维坐标参照系，GPS 系统内部在处理与位置相关的信息时，所采用的就是这一参照系。

WGS—84 是由美国国防制图局于 20 世纪 80 年代中期建立的，并于 1987 年取代了此前 GPS 所采用的坐标参照系 WGS—72，正式成为 GPS 的新坐标参照系，一种国际上采用的地心坐标系。WGS—84 坐标原点为地球质心，其地心空间直角坐标系的 Z 轴指向 BIH（国际时间）1984.0 定义的协议地球极（CTP）方向，X 轴指向 BIH 1984.0 的零子午面和 CTP 赤道的交点，Y 轴与 Z 轴、X 轴垂直构成右手坐标系。

WGS—84 坐标系采用的地球椭球称为 WGS—84 椭球，其常数为国际大地测量学与地球物理学联合会（IUGG）第 17 届大会的推荐值：

1）长半径：$a = 6378137\text{m} \pm 2\text{m}$。

2）地球引力常数：$GM = (3986005 \times 10^8 \pm 0.6 \times 10^8)\ \text{m}^3/\text{s}^2$。

3）正常化二阶带谐系数：$C_{2.0} = -484.16685 \times 10^{-6} \pm 1.30 \times 10^{-6}$。

4）地球自转角速度：$\omega = (7292115 \times 10^{-11} \pm 0.15 \times 10^{-11})\ \text{rad/s}$。

5）椭球扁率：$f = 1/298.257223563$。

二、ITRF 参考框架

ITRF（International Terrestrial Reference Frame）参考框架即国际地球参考框架，它是由国际地球自转服务局（IERS）按照一定要求建立的地面观测台站进行空间大地测量，并根据协议地球参考系的定义，采用一组国际推荐的模型和常数系统对观测数据进行处理，解算出各观测台站在某一历元的坐标和速度场，由此建立的一个协议地球参考框架，并以 IERS 年报和 IERS 技术备忘录的形式发布。它是协议地球参考系统的具体实现。

自 1988 年起，IERS 已经发布了 ITRF88、ITRF89、ITRF90、ITRF91、ITRF92、ITRF93、ITRF94、ITRF96、ITRF97、ITRF2000 等全球坐标参考框架。各框架在原点、定向、尺度及时间演变基准的定义上有微小差别。

目前 ITRF 参考框架已在世界上得到了广泛应用，我国各地建立的网络系统也为用户提供 ITRF 框架的转换服务。

三、1954 北京坐标系与 1980 西安坐标系

1. 1954 北京坐标系

新中国成立初期，为了迅速开展我国的测绘事业，鉴于当时的实际情况，将我国一等锁与苏联远东一等锁相连接，然后以连接呼玛、吉拉宁、东宁基线网扩大边端点的苏联 1942 年普尔科沃坐标系的坐标为起算数据，平差我国东北及东部区一等锁，这样传算过来的坐标系就定名为 1954 北京坐标系。

令人遗憾的是，由于 1954 北京坐标系采用的是苏联的克拉索夫斯基椭球体，该椭球并未依据当时我国的天文资料进行重新定位，天文大地网未进行整体平差。该坐标系的高程异常是以苏联 1955 年大地水准面重新平差的结果为起算值，按我国天文水准路线推算出来的，而高程又是以 1956 年青岛验潮站的黄海平均海水面为基准。

由于当时条件有限，1954 北京坐标系存在很多缺点，主要表现在以下几个方面：

1）椭球参数与现代精确的椭球参数的差异较大，不包含表示地球物理特性的参数，给理论和实际应用带来了许多的不便。

2）椭球定向不十分明确，既不是指向 CIO 极，也不是指向我国目前使用的 JYD 极。采用局部分区平差，参考椭球面与我国大地水准面呈西高东低的系统性倾斜，东部高程异常最大达 67m。

3）该坐标系的大地原点是通过局部分区平差得到的，未进行全国统一平差。因此，全国的天文大地控制点实际上不能形成一个整体，在区与区的接合部，同一点在不同区的坐标值相差 1~2m，不同区的尺度差异也很大。另外，由于坐标是从我国东北传递到西北和西南，后一区是以前一区的最弱部作为坐标起算点，因此有明显的坐标积累误差。

2. 1980 西安坐标系

1978 年 4 月在西安召开全国天文大地网平差会议，决定对我国天文大地网进行整体平差，重新选定椭球，并进行椭球的定位、定向。

1980 西安坐标系采用地球椭球基本参数为 1975 年国际大地测量与地球物理联合会第十六届大会推荐的数据。椭球参数为：

1）长半径：$a = 6378140m$。

2）地球引力常数：$GM = 3.986005 \times 10^{14} m^3/s^2$。

3）地球重力场二阶带球谐系数：$J_2 = 1.08263 \times 10^{-3}$。

4）地球自转角速度：$\omega = 7.292115 \times 10^{-5} rad/s$。

根据上述参数，可计算出 1980 西安坐标系所采用的参考椭球的扁率 $f = 1/298.257$。椭球的短轴由地球质心指向 JYD1968.0 地极原点方向，起始子午面平行于格林尼治平均天文子午面，高程系统采用 1956 年黄海平均海水面为高程起算基准。

与 1954 北京坐标系相比，1980 西安坐标系具有以下特点：

1）采用多点定位原理建立，理论严密，定义明确。大地原点位于我国中部，可减少坐标传递误差。

2）所采用的椭球参数为现代精确的地球总椭球参数，有利于实际应用和理论研究。

3）椭球面与我国大地水准面吻合得较好；全国范围内的平均差值为 10m，大部分地区的差值在 15m 以内，在东部、西部和西南部有三条零差异线。

4）椭球短半轴指向明确，指向 JYD1968.0 地极原点方向。

5）全国天文大地网经过了整体平差，点位精度高。

四、新 1954 北京大地坐标系

新 1954 北京大地坐标系是将 1980 西安坐标系下的全国天文大地网整体平差成果，以克拉索夫斯基椭球体面为参考面，通过坐标转换整体换算至 1954 北京坐标系下而形成的大地坐标系统。

该坐标系提供的成果是在 1980 西安坐标系基础上，把 IUGG1975 年椭球改为原来的克拉索夫斯基椭球，通过在空间三个坐标轴上进行平移转换而来的。因此，其坐标不但体现了整体平差成果的优越性，它的精度和 1980 西安坐标系坐标精度一样，克服了原 1954 北京坐标系是局部平差的缺点，又由于恢复至原 1954 北京坐标系的椭球参数，从而使其坐标值和原 1954 北京坐标系局部平差坐标值相差较小。

新 1954 北京坐标系提供的新图既可以使用精度好的整体平差成果作为控制基础，又不必作特殊处理就能和旧图互相拼接，具有明显的经济效益。特别是在军队系统中，由于用图量、存图量最多的是 1:5 万以下比例尺地图，采用这种坐标系作为制图坐标系，对于地图更新、战时快速保障和方便广大指战员用图等方面，具有明显的优点。

新 1954 北京坐标系与原 1954 北京坐标完全不一样，只是椭球的参数和克氏椭球一样，而定位与定向的依据又完全与 1980 西安坐标系一样，即新 1954 北京坐标系的点位坐标与 1980 西安坐标系的同一点坐标，仅仅是两系统定义不同产生的系统差。两系统同一点坐标的不同主要原因是由于一个是全国统一平差的结果，另一个是局部平差的结果。

五、2000 国家大地坐标系

随着社会的进步，国民经济建设、国防建设和社会发展、科学研究等对国家大地坐标系提出了新的要求，我国迫切需要采用原点位于地球质量中心的坐标系统（以下简称地心坐标系）作为国家大地坐标系。采用地心坐标系，有利于采用现代空间技术对坐标系进行维护和快速更新，测定高精度大地控制点三维坐标，并提高测图工作效率。为顺应这一趋势，我国提出了 2000 国家大地坐标系（China Geodetic Coordinate System 2000，CGCS2000）。

国家大地坐标系的定义包括坐标系的原点、三个坐标轴的指向、尺度以及地球椭球的四个基本参数的定义。2000 国家大地坐标系的原点为包括海洋和大气的整个地球的质量中心；2000 国家大地坐标系的 Z 轴由原点指向历元 2000.0 的地球参考极的方向，该历元的指向由国际时间局给定的历元为 1984.0 的初始指向推算，定向的时间演化保证相对于地壳不产生残余的全球旋转；X 轴由原点指向格林尼治参考子午线与地球赤道面（历元 2000.0）的交点；Y 轴与 Z 轴、X 轴构成右手正交坐标系；采用广义相对论意义下的尺度。

2000 国家大地坐标系采用的地球椭球参数的数值为：

1）长半径：$a = 6378137\text{m}$。

2）椭球扁率：$f = 1/298.257222101$。

3）地心引力常数：$GM = 3.986004418 \times 10^{14}\text{m}^3/\text{s}^2$。

4）正常化二阶带谐系数：$J_2 = 0.001082629832258$。

5）地球自转角速度：$\omega = 7.292115 \times 10^{-5}\text{rad/s}$。

正常椭球与参考椭球一致。

2008 年 3 月，由国土资源部正式上报国务院《关于中国采用 2000 国家大地坐标系的请示》，并于 2008 年 4 月获得国务院批准。自 2008 年 7 月 1 日起，我国全面启用 2000 国家大地坐标系，由国家测绘局（现为国家测绘地理信息局）受权组织实施。

我国建立、使用2000国家大地坐标系，需要将现有的参心坐标系下成果转换到2000国家大地坐标系中。2000国家大地坐标系与现行国家大地坐标系转换、衔接的过渡期为8~10年。

现有各类测绘成果，在过渡期内可沿用现行国家大地坐标系；2008年7月1日后新生产的各类测绘成果应采用2000国家大地坐标系。

现有地理信息系统，在过渡期内应逐步转换到2000国家大地坐标系；2008年7月1日后新建设的地理信息系统应采用2000国家大地坐标系。

六、地方独立坐标系

在生产实际中，基于方便实用和限制变形的目的，通常把控制网投影到当地平均海拔高程面上。选取过测区中心的经线或某个起算点的经线作为独立的中央子午线，以某个特定方便使用的点和方位为起算原点和方位，进行高斯投影建立地方独立坐标系。地方独立坐标系隐含一个与当地平均海拔高程对应的参考椭球——地方参考椭球。地方参考椭球的中心、轴向和扁率与国家参考椭球相同，其长半径 a_L 则有一改正量 Δa。

$$\begin{cases} \Delta a = \dfrac{a\Delta N}{N} \\ a_L = a + \Delta a \end{cases} \tag{2-15}$$

式中　a——国家参考椭球长半轴；

　　　N——国家独立坐标系原点的卯酉圈曲率半径；

　　　ΔN——当地平均绝对高程 $H_{平均}$ 与该地的平均大地水准面差距 $\xi_{平均}$，即 $\Delta N = H_{平均} + \xi_{平均}$。

七、坐标系的转换

在应用空间定位技术进行测量时，往往需要进行不同基准间的转换，如采用全球基准与地面网采用的局部基准间的转换。GPS采用WGS—84坐标系，而在工程测量中所采用的是1954北京坐标系、1980西安坐标系或地方坐标系。因此，需要将WGS—84坐标系转换为工程测量中所采用的坐标系。

两个椭球间的坐标转换方法主要有相似转换法和多项式拟合法。相似转换法分为空间转换和平面转换，空间转换有布尔沙—沃尔夫（Bursa—Wolf）模型和莫洛金斯基（Molodensky）模型；平面转换有四参数转换模型和三参数转换模型。拟合法分为线性拟合法和多项式拟合法。较为常用的有布尔沙—沃尔夫模型和莫霍金斯基模型。

1. 七参数法

（1）布尔沙—沃尔夫模型　七参数转换法又称为布尔沙—沃尔夫模型（在我国常被称为布尔沙模型）或七参数赫尔默特转换（7—Parameter Transformation），如图2-11所示。在该模型中，共采用7个参数，即坐标原点的3个平移参数 T（T_X、T_Y、T_Z），3个旋转参数 ε_X、ε_Y、ε_Z（也称为3个欧拉角）和1个尺度参数 m。假设有两个分别基于不同基准的空间直角坐标系 $O_A—X_A Y_A Z_A$ 和 $O_B—X_B Y_B Z_B$，采用该模型的基本转换可分解为平移变换、缩放变换和旋转变换三个过程。

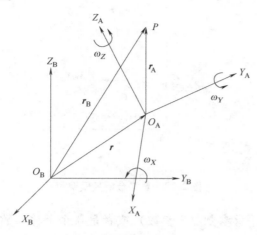

图 2-11 布尔沙—沃尔夫（Bursa—Wolf）模型

由图 2-11 可知，任意点 P_i 在两坐标系中的坐标之间有如下关系：

$$\begin{pmatrix} X_B \\ Y_B \\ Z_B \end{pmatrix} = \begin{pmatrix} T_X \\ T_Y \\ T_Z \end{pmatrix} + (1+m)\boldsymbol{R}(\varepsilon_Z)\boldsymbol{R}(\varepsilon_Y)\boldsymbol{R}(\varepsilon_X)\begin{pmatrix} X_A \\ Y_A \\ Z_A \end{pmatrix} \quad (2\text{-}16)$$

考虑到两坐标轴定向的差别一般很小，因此欧拉角 ε_X、ε_Y、ε_Z 通常都是微小量，有：

$$\boldsymbol{R}(\varepsilon) = \boldsymbol{R}(\varepsilon_Z)\boldsymbol{R}(\varepsilon_Y)R(\varepsilon_X) = \begin{pmatrix} 1 & \varepsilon_Z & -\varepsilon_Y \\ -\varepsilon_Z & 1 & \varepsilon_X \\ \varepsilon_Y & -\varepsilon_X & 1 \end{pmatrix}$$

（2）莫洛金斯基模型　莫洛金斯基模型认为受尺度和旋转影响的只是任意点与参考点的坐标差，在该模型中也是采用了 7 个参数，分别是 3 个平移参数、3 个旋转参数（也被称为 3 个欧拉角）和 1 个尺度参数，不过定义与布尔沙—沃尔夫模型有所不同。转换过程可描述为：将 O_A—$X_A Y_A Z_A$ 的原点平移到某点 P，形成一个过渡坐标系 P—$X'Y'Z'$；将 P—$X'Y'Z'$ 依次分别绕 X、Y 和 Z 轴旋转 ω_X、ω_Y 和 ω_Z 三个角度后使其坐标轴与 O_B—$X_B Y_B Z_B$ 中相应的坐标轴平行，旋转方式和次序与布尔沙—沃尔夫模型相似；再将 P—$X'Y'Z'$ 中的长度单位缩放 $(1+m)$ 倍，使其长度单位与 O_B—$X_B Y_B Z_B$ 的一致；最后将 O_A—$X_A Y_A Z_A$ 的原点分别沿 X、Y 和 Z 轴移动 $-T_X$、$-T_Y$ 和 $-T_Z$，使其与 O_B—$X_B Y_B Z_B$ 的原点重合，如图 2-12 所示。其转换模型为：

$$\begin{pmatrix} X_B \\ Y_B \\ Z_B \end{pmatrix} = \begin{pmatrix} X_P \\ Y_P \\ Z_P \end{pmatrix} + \begin{pmatrix} T_X \\ T_Y \\ T_Z \end{pmatrix} + (1+m)\begin{pmatrix} 0 & \omega_Z & -\omega_Y \\ -\omega_Z & 0 & \omega_X \\ \omega_Y & -\omega_X & 0 \end{pmatrix}\begin{pmatrix} X_A - X_P \\ Y_A - Y_P \\ Z_A - Z_P \end{pmatrix} \quad (2\text{-}17)$$

两种模型的转换结果是等价的，但在实际应用过程中，还是有所差异：①布尔沙模型在进行全球或较大范围的基准转换时较为常用，但是，旋转参数与平移参数具有较高的相关

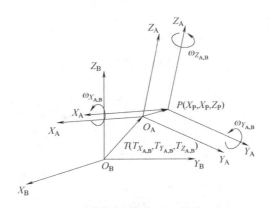

图2-12　莫洛金斯基模型

性。对于小范围可以3个平移参数（3参数）或者是3个平移参数和1个尺度参数（4参数），最好的情况除了上述4个参数外，还可确定一个旋转参数（5参数）。②采用莫洛金斯基模型则可以克服这一问题，因为其旋转中心可以人为选定，当网的规模不大时，可以选取网中任意一个点，当网的规模较大时，则可选取网的重心，然后以该点作为固定旋转点进行旋转。

2. 4参数法

如果不考虑高程的影响，对于不同椭球体下的高斯平面直角坐标可采用4参数的相似变换法。当两个平面直角坐标系原点不同、坐标轴指向不同、尺度定义不同时，存在4个转换参数在该变换中，即坐标原点平移参数 ΔX、ΔY，坐标系旋转角度 ε，坐标系尺度变化参数 m。

该变换中，存在两种转换过程：先旋转，再平移，最后统一尺度；先平移，再旋转，最后统一尺度。转换过程不同，4个转换参数也不相同，但是它们最终的转换结果都是一致的。

某点在原始坐标系（即源坐标系）中的坐标记为 $(X_S、Y_S)$，在转换后坐标系（即目标坐标系）中的坐标记为 $(X_T、Y_T)$。其计算公式为：

$$\begin{cases} X_T = \Delta X + m(X_S\cos\varepsilon - Y_S\sin\varepsilon) \\ Y_T = \Delta Y + m(Y_S\sin\varepsilon - X_S\cos\varepsilon) \end{cases} \tag{2-18}$$

3. 转换参数的估算

7参数法是两个椭球间的坐标转换，是一种较为严密的坐标转换。7参数的控制范围较大（一般大于50km²），求解7参数需要3个以上具有所需坐标和WGS—84坐标两套坐标的已知点。已知点组成的区域应在测区内均匀分布，能够覆盖整个测区，这样7参数的转换效果才会较好。

4参数是同一个椭球内不同坐标系之间进行转换的参数。参与计算的控制点至少要有两个或两个以上，且控制点等级和分布直接决定了参数的控制范围。一般来说，4参数的理想控制范围在20~30km²。总体来说，4参数法具有灵活、便捷的优点，缺点是控制的范围相对较小。

课题5 高程基准与常用大地水准面模型

一、高程基准

高程基准是推算国家统一高程控制网中所有水准高程的起算依据，它包括一个水准基面和一个永久性水准原点。

水准基面，通常理论上采用大地水准面，它是一个延伸到全球的静止海水面，也是一个地球重力等位面，实际上确定的水准基面则是取验潮站长期观测结果计算出来的平均海面。我国以青岛港验潮站的长期观测资料推算出的黄海平均海面作为水准基面，即零高程面。

水准原点建立在青岛验潮站附近，并构成原点网。用精密水准测量测定水准原点相对于黄海平均海面的高差，即水准原点的高程，定为全国高程控制网的起算高程。

我国于1956年规定以黄海（青岛）的多年平均海水面作为统一的高程基准面，为我国第一个国家高程系统，从而结束了过去高程系统繁杂的局面。根据青岛验潮站的观测资料情况，我国常见的高程系统主要有"1956年黄海高程系"和"1985国家高程基准"。

1956年黄海高程系是以青岛验潮站1950～1956年验潮资料算得的平均海面为零的高程系统，原点设在青岛市观象山。1956黄海高程系水准原点的高程是72.289m。

由于"1956年黄海高程系"计算基面所依据的青岛验潮站的资料系列（1950年～1956年）较短等原因，中国测绘主管部门决定重新计算黄海平均海面，以青岛验潮站1952年～1979年的潮汐观测资料为计算依据，称为"1985国家高程基准"，并用精密水准测量位于青岛的中华人民共和国水准原点。1985国家高程基准于1987年5月开始启用，1956黄海高程系同时废止。1985国家高程基准的水准原点的高程是72.260m。

二、大地水准面模型

地球表面是一个极其复杂的曲面，实际测量工作不能以此复杂的表面作为基准面。实际测量工作常以一点的铅垂线和水准面作为基准。

大地水准面模型是以大地水准面为基准建立起来的地球椭球体模型。大地水准面看起来十分复杂，但从整体来看，起伏是微小的，很接近与绕自转轴旋转的椭球体。所以测量和制图中用旋转椭球体来代替大地体，如图2-13所示。这个旋转椭球体通常称为地球椭球体。地球椭球体表面是一个规则的数学表面。旋转椭球体的形状和大小由椭球基本元素确定，如图2-14所示。椭球体的大小由长半径 a 和短半径 b，或由一个半径和扁率 f（表示椭球的扁平程度，$f=\dfrac{a-b}{a}$）来决定。

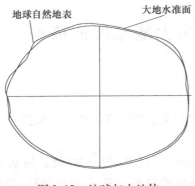

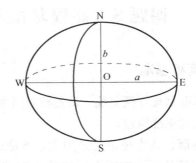

图 2-13　地球与大地体　　　　　图 2-14　旋转椭球体

三、高程系统

在测量中常用的高程系统有大地高系统、正高系统和正常高系统。

1. 大地高系统

大地高系统是以参考椭球面为基准面的高程系统。某点的大地高是该点到通过该点的参考椭球的法线与参考椭球面的交点间的距离。大地高也称为椭球高，大地高一般用符号 H 表示。大地高是一个纯几何量，不具有物理意义，同一个点，在不同的基准下具有不同的大地高。

2. 正高系统

正高系统是以大地水准面为基准面的高程系统。某点的正高是该点到通过该点的铅垂线与大地水准面的交点之间的距离，正高用符号 H_g 表示。

3. 正常高系统

正常高系统是以似大地水准面为基准的高程系统。某点的正常高是该点到通过该点的铅垂线与似大地水准面的交点之间的距离，正常高用 H_γ 表示。

4. 高程系统之间的转换关系

由图 2-15 可知，大地水准面到参考椭球面的距离，称为大地水准面差距，记为 h_g。大地高与正高之间的关系可以表示为：

$$H = H_g + h_g \tag{2-19}$$

似大地水准面到参考椭球面的距离，称为高程异常，记为 ζ。大地高与正常高之间的关系可以表示为：

$$H = H_\gamma + \zeta \tag{2-20}$$

由于采用 GPS 观测所得到的是大地高，为了确定出正高或正常高，需要有大地水准面差距或高程异常数据。

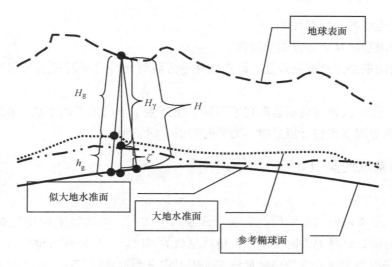

图 2-15 高程系统间的相互关系

课题 6 时 间 系 统

一、时间系统概述

在天文学和空间科学技术中，时间系统是精确描述天体和卫星运行位置及其相互关系的重要基准，也是利用卫星进行定位的重要基准。

在 GPS 卫星定位中，时间系统的重要性表现在：

1）GPS 卫星作为高空观测目标，位置不断变化，在给出卫星运行位置的同时，必须给出相应的瞬间时刻。例如，当要求 GPS 卫星的位置误差小于 1cm 时，相应的时刻误差应小于 $2.6 \times 10^{-6} \mathrm{s}$。

2）准确地测定观测站至卫星的距离，必须精密地测定信号的传播时间。若要距离误差小于 1cm，则信号传播时间的测定误差应小于 $3 \times 10^{-11} \mathrm{s}$

3）由于地球的自转现象，在天球坐标系中地球上点的位置是不断变化的，若要求赤道上一点的位置误差不超过 1cm，则时间测定误差要小于 $2 \times 10^{-5} \mathrm{s}$。

显然，利用 GPS 进行精密导航和定位，尽可能获得高精度的时间信息是至关重要的。

时间包含了"时刻"和"时间间隔"两个概念。时刻是指发生某一现象的瞬间。在天文学和卫星定位中，与所获取数据对应的时刻也称历元。时间间隔是指发生某一现象所经历过程始末的时间之差。时间间隔测量称为相对时间测量，而时刻测量相应地称为绝对时间测量。

测量时间必须建立一个测量的基准，即时间的单位（尺度）和原点（起始历元）。其中时间的尺度是关键，而原点可根据实际应用加以选定。

符合下列要求的任何一个可观察的周期运动现象，都可作为确定时间的基准：

1）运动是连续的、周期性的。

2）运动的周期应具有充分的稳定性。

3）运动的周期必须具有复现性，即在任何地方和时间，都可通过观察和实验，复现这种周期性运动。

在实践中，因所选择的周期运动现象不同，便产生了不同的时间系统。在 GPS 定位中，具有重要意义的时间系统包括恒星时、力学时和原子时三种。

二、时间系统的类型

1. 世界时（UT）

世界时是以平太阳时为基础的。它基于假象的平太阳，是从经度 $0°$ 的格林尼治子午圈起算的一种地方时，这种地方时属于包含格林尼治的零时区，所以称为世界时。世界时有三种形式，以平子夜为零时起算的格林尼治平太阳时定义为世界时 UT_0。世界时与平太阳时的尺度相同，但起算点不同。1956 年以前，秒被定义为一个平太阳日的 1/86400，是以地球自转这一周期运动作为基础的时间尺度。由于地球自转的不稳定性，在 UT_0 中加入极移改正 $\Delta\lambda$ 即得到 UT_1。UT_1 加上地球自转速度季节性变化 ΔT_S 后为 UT_2，即：

$$UT_1 = UT_0 + \Delta\lambda \quad UT_2 = UT_0 + \Delta T_S \tag{2-21}$$

显然，世界时 UT_1 经过极移改正后仍含有地球自转速度变化的影响，而 UT_2 虽经地球自转季节性变化的影响，但仍含有地球自转速度长期变化和不规则变化的影响，所以世界时 UT_2 仍不是一个严格均匀的时间系统。世界时 UT_0、UT_1 和 UT_2 之间的关系为：

$$UT_2 = UT_1 + \Delta\lambda \quad UT_0 + \Delta\lambda + \Delta T_S \tag{2-22}$$

2. 历书时（ET）

UT_2 世界时仍是以地球自转为基础，存在不均匀的问题，于是人们考虑以地球绕太阳公转为基础建立一种新的时间系统。1952 年国际天文协会第八届大会决定建立一种以地球公转周期为标准的时间系统，称为历书时（ET）。历书时虽比世界时的精度大为提高，但仍不能满足现代需要高精度时间部门的要求，而且计算和提供结果比较迟缓，不能及时投入使用，所以该时间系统的使用仍受到一定的局限。

3. 原子时（AT）

随着对时间准确度和稳定度的要求不断提高，以地球自转为基础的世界时系统难以满足要求。20 世纪 50 年代，一些国家便开始建立以物质内部原子运动的特征为基础的原子时系统。原子时的秒长被定义为位于海平面上的铯原子基态的两个超精细能级间跃迁辐射振荡 9192631170 周所持续的时间，以原子时秒作为国际制秒（SI）的时间单位。原子时的起点由下式确定：

$$AT = UT_2 - 0.0039 \tag{2-23}$$

由国际上的约 100 座原子钟相互比对，并经数据处理推算出统一的原子时系统，称为国际原子时（IAT）。在卫星大地测量中，原子时作为高精度的时间基准，用于精密测定卫星信号的传播时间。

4. 力学时（DT）

力学时是天体力学中描述天体运动的时间单位。根据所对应的参考点不同，分为质心力学时（TDB）和地球力学时（TDT）：TDB 是相对太阳系质心的天体运动方程所采用的时间参数；TDT 是相对地球质心的天体运动方程所采用的时间参数，其基本单位是国际制秒（SI），与原子时的尺度一致。国际天文学联合会决定，于 1977 年 1 月 1 日国际原子时（IAT）0 时与地球力学时（TDT）的严格关系定义为：

$$TDT = IAT + 32.184 \tag{2-24}$$

若以 ΔT 表示地球力学时 TDT 与世界时 UT_1 之差，则有：

$$\Delta T = TDT - UT_1 = IAT - UT_1 + 32.184 \tag{2-25}$$

在 GPS 测量中，地球力学时（TDT）作为一种严格均匀的时间尺度和独立的变量而用于描述卫星的运动。

5. 世界协调时（UTC）

在进行大地天文测量、天文导航和空间飞行器的跟踪定位时，仍然需要以地球自转为基础的世界时。但由于地球自转速度有长期变慢的趋势，近 20 年，世界时每年比原子时慢约 1s，且两者之差逐年积累。为避免原子时与世界时之间产生过大偏差，从 1972 年起采用了一种以原子时秒长为基础，在时刻上尽量接近于世界时的一种折中时间系统，称为世界协调时或协调时。

采用闰秒或跳秒的方法，使协调时与世界时的时刻相接近，它既能保持时间尺度的均匀性，又能近似地反映地球自转的变化，即当协调时与世界时的时刻差超过 ±0.9s 时，便在协调时中引入一闰秒（正或负）。一般在 12 月 31 日或 6 月 30 日末加入，具体日期由国际地球自转服务组织（IERS）安排并通告。

协调时与国际原子时的关系定义为：

$$IAT = UTC + 1 \times n \tag{2-26}$$

式中　n——调整参数，由 IERS 发布。

三、GPS 时间系统

为精密导航和测量需要，全球定位系统建立了专用的时间系统，由 GPS 主控站的原子钟控制。GPS 时属于原子时系统，秒长与原子时相同，但与国际原子时的原点不同，即 GPST 与 IAT 在任一瞬间均有一常量偏差，即：

$$IAT - GPST = 19 \tag{2-27}$$

GPS 时与协调时的时刻，规定在 1980 年 1 月 6 日 0 时一致，随着时间的积累，两者的差异将表现为秒的整数倍。

GPS 时与协调时之间关系：

$$GPST = UTC + 1 \times n - 19 \tag{2-28}$$

到 1987 年，调整参数 n 为 23，两系统之差为 4″，到 1992 年调整参数 n 为 26，两系统之差已达 7″。

GPS 测量中各主要时间系统的关系如图 2-16 所示。

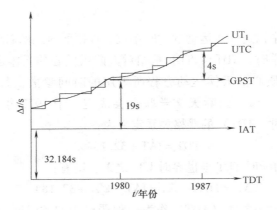

图2-16　GPS时间系统及其关系

单元小结

　　与经典的三角测量与导线测量相比，GPS测量采用不同坐标系，因此要涉及坐标转换问题。本单元介绍了天球坐标系、地球坐标系、高程系统基准、大地测量基准及其转换及时间系统。读者应重点掌握地球坐标系中的协议地球坐标系、高程系统和常用大地测量基准及转换。对于天球坐标系，只要理解卫星坐标的获得途径即可。

　　由于GPS测量是通过测定测距信号在星站间的传播时间来测定星站距离的，为了能够理解GPS测量原理及误差，应掌握GPS时间系统和时间基准。

单元 **3** GPS 卫星信号和导航电文

 【单元概述】

　　GPS 卫星定位的基本观测量，是观测站（用户接收天线）到 GPS 卫星（信号发射天线）之间的距离（或称信号传播路径），它是通过测定卫星信号在该路径上的传播时间（时间延迟），或测定卫星载波信号相位在该路径上变化的周期（相位延迟）来导出的。这和一般的电磁波测距原理相似，只要已知卫星信号的传播时间 Δt 和传播速度 v，就可得到卫星至观测站的距离 ρ，即有：$\rho = v\Delta t$。而 GPS 信号是 GPS 卫星向广大用户发送的用于导航定位的调制波，它是卫星电文和伪随机噪声码的组合码。对于距离地面两万余公里且电能紧张的 GPS 卫星，怎样才能有效地将很低码率的导航电文发送给广大用户？这是关系到 GPS 系统成败与否的大问题。

【学习目标】

　　掌握码的相关概念、码的构成及其相应的特性；了解 GPS 接收机的分类方法及其基本原理；掌握 GPS 导航电文的格式及其内容。

课题 1　GPS 卫星测距码信号

一、GPS 卫星测距码信号概述

　　GPS 卫星发射两个测距码信号，即 C/A 码和 P 码。其中 C/A 码的数码率为 1.023bit/s，周期为 1ms，码长为 1023bit，波长为 293m，是一种用来捕获信号、进行粗测距的不保密明码，所以其又被称为粗码、捕获码或明码；P 码的数码率为 19.23Mbit/s，周期为 267 天，码长为 2.35×10^{14}bit，波长为 29.3m，是一种用于进行精测距的保密码，所以其又称为精码或保密码。C/A 码和 P 码均属于伪随机码。

　　为了满足 GPS 用户的需要，GPS 卫星信号的产生与构成，考虑多方面的要求，所以 GPS 卫星信号的产生和结构均比较复杂。

二、码的概念及其产生

1. 码的概念

码是一种表达信息的二进制数及其组合，是一组二进制的数码数列。如果将某一信息按照某一预定的规则表示成为一组二进制数的组合，则称这一过程为编码。这是信息数字化的重要方法之一，在二进制中，一位二进制数叫做一个码元或一比特。比特（bit）意为二进制数，被取为码的度量单位。

例如，若地面测量控制网分为四个等级，则用二进制数表示时，可取两位二进制数的不同组合：11，10，01，00，依次代表控制网的一、二、三、四等。这些组合形式称为码，每个码均含有两个二进制数，即两码元或两比特。

比特还是信息量的度量单位，例如，当某一控制网的等级确知后，便称为获得了二比特信息。一般来说，如果有 2^r 个预先不确切知道但出现概率相等的可能情况，当确知其中的某一情况后，便称为得到了 r 比特信息量。

在二进制数字化信息的传输中，每秒钟传输的比特数称为数码率，用以表示数字化信息的传送速度，其单位为 bit/s，或记为 BPS。

2. 随机噪声码

在信息理论中通常将一组不包含我们需要信息的量称为噪声（白噪声）。长期以来，在通信技术、计算机技术和各种电子技术中，噪声总是作为信号的对立面而出现，人们总是想方设法试图消灭它。然而在 20 世纪 40 年代信息理论形成以后，人们发现噪声信号也有其有用的一面，其主要表现为：

1）在雷达技术中，为了实现同时进行测距和测速的目的，利用噪声形式的信号可以达到最小的测量模糊度。

2）噪声形式的信号是实现有效通信的最佳信号。

3）噪声形式的信号具有良好的自相关性。

由上述可知，码是用以表达某种信息的二进制数的组合，是一组二进制的数码序列。而这一序列，又可以表达成以 0 和 1 为幅度的时间函数，见表 3-1。

表 3-1 随机噪声码序列

t	1	2	3	4	5	6	7	8	9	10	11	12	13	14	15	...
$u(t)$	1	0	1	1	0	1	0	0	1	0	0	1	0	1	0	...

假设有一组码序列 $u(t)$，对某一时刻来说，码元是 0 或 1 完全是随机的，但其出现的概率均为 1/2。这种码元幅度的取值完全无规律的码序列，通常称为随机码序列，也叫做随机噪声码序列。它是一种非周期性序列，无法复制。随机噪声码是噪声信号的一种表现形式，所以随机噪声码具有良好的自相关性。而自相关性的好坏，对于提高利用 GPS 卫星码信号测距的精度是极其重要的。

任意两个随机噪声码序列 $u(t)$ 和 $\tilde{u}(t)$ 的相关性，可用下式表示：

$$R(t) = \frac{A_u - B_u}{A_u + B_u} \qquad (3-1)$$

式中，将这两个随机噪声码序列 $u(t)$ 和 $\tilde{u}(t)$ 对齐进行比较。即 $B_u = 0$，则自相关系数 $R(t) = 1$；而当 $k \neq 0$ 时，由于码序列的随机性，所以，当序列中的码元数充分大时，便有 $B_u \approx A_u$，则自相关系数 $R(t) \approx 0$，于是根据码序列自相关系数的取值，我们便可以判断，两个随机码序列的相应码元是否已经相互对齐。

假设 GPS 卫星发射的是一个随机码序列 $u(t)$，而 GPS 接收机在接收到卫星信号 $u(t)$ 的同时，复制出结构与之相同的随机码序列 $\tilde{u}(t)$，这时由于信号传播时间延迟的影响，接收机接收到的卫星随机噪声码信号与接收机复制的随机噪声码信号之间便产生了一个平移，即其相应码元是错位的，因而 $R(t) \approx 0$；如果通过一个时间延迟器来调整 $\tilde{u}(t)$，使之与 $u(t)$ 的码元相互完全对齐，即有 $R(t) = 1$，那么就可以从 GPS 接收机的时间延迟器中，测出卫星信号到达用户接收机的准确传播时间，从而便可准确地确定由卫星至观测站的距离。这一测定卫星信号传播时间的过程是以随机噪声码良好的自相关性为基础的。

3. 伪随机噪声码及其产生

虽然随机码具有良好的自相关性，但由于它是一种周期性的序列，不服从任何编码规则，所以实际上无法复制和利用。因此，为了实际的应用，GPS 采用了一种伪随机噪声码，简称伪随机码或伪码。这种码序列的主要特点是，不仅具有类似随机码的良好自相关性，而且具有某种确定的编码规则。它是周期性的，容易复制。

伪随机码是由一个称为"多极反馈移位寄存器"的装置产生的。这种移位寄存器，由一组连接在一起的存储单元组成，每个存储单元只有 0 或 1 两种状态。移位寄存器的控制脉冲有两个：钟脉冲和置"1"脉冲。移位寄存器是在钟脉冲的驱动及置"1"脉冲的作用下而工作的。下面举例来说明其工作原理。

（1）m 序列的产生　假设，移位寄存器是由 4 个存储单元组成的四级反馈移位寄存器，如图 3-1 所示，当钟脉冲加到该移位寄存器之后，每个存储单元的内容都顺序地由上一单元转移到下一单元，而最后一个存储单元的内容便输出。与此同时，将其中某几个存储单元，例如单元 3 和 4 的内容进行模二相加，再作为输入，反馈给第一个存储单元。

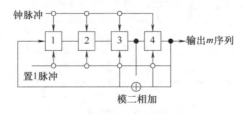

图 3-1　四级反馈移位寄存器示意图

移位寄存器在开始工作时，由于置"1"脉冲的作用，使各级存储单元的内容全处于"1"状态；此后在钟脉冲的驱动下，将可能经历 15 种不同的状态。由于全"0"状态不能通过反馈转移到其他状态，输出便持续地为"0"。所以，不允许移位寄存器出现全"0"状态。由此，移位寄存器可能经历15种状态，见表3-2。

表3-2 四级反馈移位寄存器状态表

状 态 编 号	各级寄存器状态				模二相加结果
	④	③	②	①	
1	1	1	1	1	0
2	1	1	1	0	0
3	1	1	0	0	0
4	1	0	0	0	1
5	0	0	0	1	0
6	0	0	1	0	0
7	0	1	0	0	1
8	1	0	0	1	1
9	0	0	1	1	0
10	0	1	1	0	1
11	1	1	0	1	1
12	1	0	1	0	1
13	0	1	0	1	1
14	1	0	1	1	1
15	0	1	1	1	1
1	1	1	1	1	0

移位寄存器经历了表3-2所列的15种可能状态之后，再重复全"1"状态，从而完成一个最大周期。在四级移位寄存器经历上述15种状态的同时，从第四级存储单元也输出了一个最大周期为$15t_u$的二进制数序列，其中t_u为两个钟脉冲的时间间隔，也称为码元宽度。这种二进制数序列，通常称为m序列，如图3-2所示。该四级反馈移位寄存器输出一个周期，m序列为$1111000100110 10\cdots$

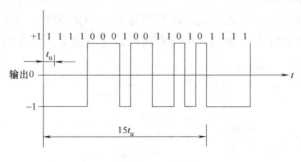

图3-2 m序列

（2）m序列的特性 任何一个r级移位寄存器，采用适当的反馈方式，都能产生一个m序列。m序列具有下列特性：

1）在一般情况下，对于一个r级反馈移位寄存器来说，将会产生更为复杂的周期性的m序列。在一个周期内码元的最大个数为：

$$N_u = 2^r - 1 \tag{3-2}$$

在 m 序列的每一周期中，最多可能包含 N_u 个码元，码元的宽度等于钟脉冲的时间间隔 t_u，因而 m 序列的最大周期为：

$$T_u = (2^r - 1)t_u = N_u t_u \tag{3-3}$$

2）一个 m 序列与其经历任意次延迟移位后产生的另一个 m 序列，经过模二相加得到一个新的序列仍为 m 序列。

3）在一个周期内，码元为"1"的数目与码元为"0"的数目基本相等，然而"1"的数目比"0"的数目多一个，因为不允许存在全"0"的状态。

4）m 序列的结构取决于反馈移位寄存器的反馈连接方式。反馈连接方式不同，所产生的 m 序列的结构也不同。

5）当两个周期相同的 m 序列相应的码元完全对齐时，其自相关系数 $R(t) = 1$，而在其他情况下则为：

$$R(t) = -\frac{1}{N_u} = -\frac{1}{2^r - 1} \tag{3-4}$$

可见，随着 r 增大，$R(t)$ 将很快趋近于 0。所以，伪随机码既具有与随机码相类似的良好自相关性，又是一种结构确定且可以复制的周期性序列。这样，用户接收机便可以很容易地复制卫星所发射的伪随机码，以便通过接收码与复制码的比较，来准确地测定其间的时间延迟。

（3）m 序列的截短和复合　由 r 级移位寄存器产生的周期性的 m 序列，有时为了某种需要，可以截取其中的一部分组成一个新的周期序列加以利用。这个新的周期较短的序列，称为截断序列或截断码。与此相反，在实际应用中有时还需要将两个或几个周期较短的 m 序列，按照预定的规则，构成一个新的周期较长的序列，这个新的周期较长的序列，称为复合序列或复合码。

三、GPS 的测距码信号

GPS 卫星采用两种测距码，即 C/A 码和 P 码（或 Y 码），它们都属于伪随机噪声码。下面就 C/A 码和 P 码的产生方式、特点和作用分别予以介绍。

1. C/A 码

C/A 码是用于初测码和捕获 GPS 卫星信号的伪随机码，是对所有用户都公开的明码。C/A 码是由两个 10 级反馈移位寄存器组合产生的，其构成示意如图 3-3 所示。两个移位寄存器于每星期日子夜零时，在置"1"脉冲作用下全处于"1"状态，同时在频率 $f_1 = f_0/10 = 1.023\mathrm{MHz}$ 钟脉冲驱动下，两个移位寄存器分别产生码长为 $N_u = (2^{10} - 1)\ \mathrm{bit} = 1023\mathrm{bit}$，周期为 $T_u = 1\mathrm{ms}$ 的 m 序列 $G_1(t)$ 和 $G_2(t)$。从图中可以看出，两个反馈移位寄存器的反馈方式是公开的，而且 $G_2(t)$ 序列的输出，不是在该移位寄存器的最后一个存储单元，而是选择其中第三个和第八个存储单元输出的结果，进行二进制相加后输出，由此得到一个与 $G_2(t)$ 平移等价的 m 序列 G_{2i}。再将其与 $G_1(t)$ 进行模二相加，便得到 C/A 码。

C/A 码的特点是：

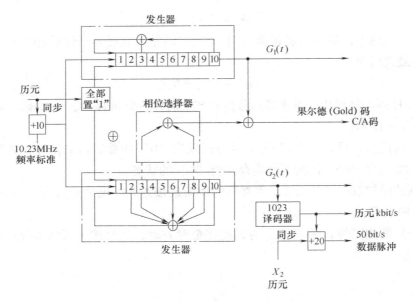

图 3-3 C/A 码构成示意图

1）由于 $G_2(t)$ 可能有 1023 种平移序列，所以，其分别与 $G_1(t)$ 相加后，将可能产生 1023 种不同结构的 C/A 码。这些相异的 C/A 码，其码长、周期和数码率均相同，即：

① 码长 $N_u = (2^{10} - 1)$ bit $= 1023$ bit。

② 码元宽为 $t_u = \dfrac{1}{f_1} \approx 0.97752\mu s$，相应距离为 293.1m。

③ 周期 $T_u = N_u t_u = 1$ ms。

④ 数码率 $= 1.023$ Mbit/s。

这样，就可能使不同的 GPS 卫星采用结构相异的 C/A 码。

2）C/A 码的码长很短，易于捕获。在 GPS 定位中，为了捕获 C/A 码，以测定卫星信号传播的时延，通常需要对 C/A 码逐个进行搜索。因为 C/A 码总共只有 1023 个码元，所以若以每秒 50 码元的速度搜索，只需约 20.5s 便可达到目的。

由于 C/A 码易于捕获，而且通过捕获的 C/A 码所提供的信息，又可以方便地捕获 GPS 的 P 码。所以，通常 C/A 码也称为捕获码。

3）C/A 码的码元宽度较大。假设两个序列的码元对齐误差为码元宽度的 1/100，则这时相应的测距误差可达 2.9m。由于其精度较低，所以 C/A 码也称为粗码。

2. P 码

P 码是用于进行精测距的伪随机码，其产生原理与 C/A 码相似，但其具体情况更为复杂，而且其线路设计的细节，目前仍然是保密的。

P 码的特点是：

1）P 码的码长、数码率、周期和码元宽度的具体数值为：

① 码长 $N_u \approx 2.35 \times 10^{14}$ bit。

② 数码率 $= 10.23$ Mbit/s。

③ 码元宽为 $t_u \approx 0.097752\mu s$，相应距离为 29.3m。

④ 周期 $T_u = N_u t_u \approx 267$ 天 ≈ 38 周。

2）因为实际使用的 P 码的码长约为 6.19×10^{12}bit，所以，如果仍采用搜索 C/A 码的办法来捕获 P 码，即逐个码元依次进行搜索，当搜索的速度仍为每秒 50 码元时，那将是无法实现的（约需 1.4×10^6 天）。因此，一般都是先捕获 C/A 码，然后根据导航电文中给出的有关信息捕获 P 码的。

3）由于 P 码的码元宽度为 C/A 码的 1/10，若利用 P 码进行测距时，仍假设两个码序列的对齐精度为其码元宽度的 1/100，则此时相应的测距误差约为 0.29m，仅为 C/A 码的 1/10，精度较高，所以 P 码可用于进行较精密的导航和测量定位。

根据美国国防部规定，P 码是专为军事服务的军用码，目前只有极少数高档次测地型接收机才能接收 P 码，且价格昂贵。也即是只有美国及美国特许用户才能使用 P 码。即使如此，美国国防部又从 1994 年 1 月 31 日起实施了 AS 政策，即在 P 码上增加一个极度保密的 W 码，形成一个新的 Y 码，绝对禁止非特许用户使用。

课题 2　GPS 接收机的分类及其基本原理

一、GPS 接收机分类

利用 GPS 进行导航和测量定位，必须使用 GPS 接收机接收 GPS 卫星发射的信号，并对卫星信号进行跟踪、测量和处理。随着 GPS 导航和测量定位技术的迅速发展，世界各国对卫星信号接收机的研制和生产也越来越多，导致 GPS 接收机的型号、工作原理、用途和性能上都有所不同。下面就从多个方面对 GPS 接收机进行分类：

1）按用途可分为导航型、测地型和授时型三种类型。

2）按工作原理可分为码相关型、平方型、混合型和干涉型 GPS 接收机。

3）按 GPS 接收机接收的载波频率可分为单频 GPS 接收机和双频 GPS 接收机。

4）按 GPS 接收机的通道数可分为多通道、序贯通道和多路复用通道 GPS 接收机。

二、接收机的组成和基本原理

1. GPS 接收机的组成

GPS 接收机主要由三个部分组成，即接收机天线、接收机主机和接收机电源。

（1）GPS 接收机天线　GPS 接收机的天线由接收天线和前置放大器组成。其中接收机天线的作用是将 GPS 卫星信号极微弱的电磁波能转化为相应的电流，而前置放大器的作用是对 GPS 卫星信号形成的电流进行放大和变频。

目前 GPS 接收机的天线有下列几种类型，它们各有特点，通常要结合接收机的性能进行选用：

1）单板天线。这种天线结构简单、体积小，需要安装在一块基板上，属于单频天线。

2）微带天线。微带天线的构造是：在一块厚度小于工作波长的介质基片上，用微波集成技术覆盖辐射金属片。微带天线的特点是体积小、重量轻、结构简单，而且坚固和易于制造，既可以用于单频 GPS 接收机，也可用于双频 GPS 接收机。其缺点是增益较低，但可用低噪声前置放大器弥补。

3）锥形天线。锥形天线是在介质锥体上，利用印刷电路技术在其上制成导电圆锥螺旋表面，所以又称为盘旋螺线形天线。这种天线可以同时在两个频率上工作。

4）四螺旋形天线。四螺旋形天线是由四条金属管线绕制而成，底部有一块金属抑制板。这种天线的频带宽，全圆极化性好，可捕获低高度角卫星。其缺点是不能进行双频接收，抗震性差，通常用作导航型接收机天线。

（2）接收机主机　GPS 接收机主机主要由变频器及中频放大器、信号通道、存储器、微处理器和显示器组成。

1）变频器及中频放大器。经过前置放大器的信号仍然很微弱，为了使接收机的通道得到稳定的高增益，并使 L 波段的射频信号变成低频信号，因而采用变频器。

2）信号通道。信号通道是 GPS 接收机的核心部分，GPS 信号通道是软、硬件结合的电路。不同类型的 GPS 接收机，其通道是不同的。

GPS 信号通道的作用包括以下几个方面：

① 搜索卫星，牵引并跟踪卫星。

② 对广播电文数据信号进行解扩，解调出导航电文。

③ 进行伪距测量、载波相位测量和多普勒频移测量。

3）微处理器。微处理器是 GPS 接收机工作的灵魂，GPS 接收机所做的一切工作都是在微处理器的指令控制下进行和完成的。其主要工作任务是：

① 在接收机开机后，首先对整个 GPS 接收机的各项功能进行自检，并显示自检结果，同时测定、校正和存储各个通道的时延值。

② 接收机对卫星进行搜索并捕捉卫星。

③ 根据接收机内存存储的卫星历书和测站的近似位置，计算所有在轨卫星的升降时间、方位角和高度角等。

④ 记录用户输入的有关测站信息，如测站名、天线高及气象参数等。

4）接收机电源。GPS 接收机的电源有两种：一种为内电源，通常采用锂电池，主要是为 RAM 存储器供电，以防止数据的丢失；另一种为外接电源，这种电源通常采用可充电的12V 直流镉镍电池组或采用汽车蓄电池。

2. GPS 接收机工作原理

GPS 卫星发送的导航定位信号是一种可供无数用户共享的信息资源。接收机的工作原理，主要是指其对所跟踪卫星信号的处理和量测方法。而接收机对卫星信号的处理、量测，都是在其信号通道中实现的，所以，接收机的工作原理与信号通道的工作原理是一致的。信号通道是一种软件和硬件相结合的复杂电子装置，是接收单元中的核心部分。其主要功能是跟踪、处理和量测卫星信号，以获得导航定位所需要的数据和信息，通常通道数目有 1～24 个不等，由接收机的类型而定。信号通道目前有相关型通道、平方型通道和码相位型通道三种类型。

（1）码相关型通道 码相关型 GPS 接收机是采用码相关技术去掉载波上的测距码信号。由于这类接收机在采用码相关技术时必须知道伪随机噪声码的结构，所以这类 GPS 接收机又分为 C/A 码接收机和 P 码接收机。以码相关技术为根据，处理和量测卫星信号的通道，称为码相关型通道。该通道主要由码跟踪回路组成，如图 3-4 所示。其中，码跟踪回路用于从 C/A 码或 P 码中提取伪距观测量，同时对卫星信号进行解调，以获取导航电文和载波。该回路中的伪随机噪声码（PRN）发生器，在接收机时钟的控制下，可产生一个与卫星发射的测距码结构完全相同的码，即复制码。在相关器中，对接收到的卫星测距码和接收机的复制码进行相关分析，当两信号之间达到最大相关时，便可测定出两信号间的时间延迟，即卫星发射的码信号到达接收机天线的传播时间。

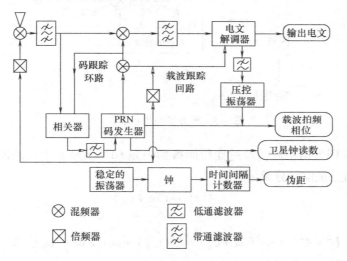

图 3-4 码相关型通道示意图

上述两信号达到最大相关时，一般叫做锁定信号。这时如果把卫星信号和复制码混频，并将混频后的信号通过带通滤波器，消去卫星信号中的伪随机噪声码，便可获得仅具有数据码（导航电文）和载波的信号。

载波跟踪回路的主要作用是，当上述去掉伪随机噪声码的卫星信号进入该回路后，进行载波相位测量，并解调出卫星的导航电文。

载波跟踪回路利用压控振荡器，可使接收机振荡器所产生的参考载波相位与接收机的载波相位保持一致，而当两信号的相位一致时，载波跟踪回路便锁住了载波信号，这时通过对载波信号的量测，便可进一步获得载波相位的观测量。

卫星载波信号被锁定后，再将其与参考载波信号混频，并通过低通滤波器去掉高频信号，就能获得导航电文。

码相关通道的主要优点是：既可进行伪距测量，又可进行载波相位测量，并能获得导航电文，除此还具有良好的信噪比。因此，目前 GPS 接收机都普遍采用这种通道。

码相关通道的主要缺点是：用户必须掌握伪随机码的结构，以便接收机能够加以复制产生所谓的复制码。但由于美国政府对 P 码或 Y 码的保密性政策，所以一般用户无法采用码相关技术获得 L_2 载波的观测值，因而不能通过双频技术来减弱电离层折射的影响。这时，为了获得 L_2 载波的相位观测量，只有利用平方技术。

（2）平方型通道　利用对再拨信号进行平方的技术去掉载波上的调制信号，达到重新获得载波信号的目的；然后进行载波相位测量，从而获得载波相位测量观测值。

图 3-5 为平方型通道的工作原理图。其中本地振荡器产生一个参考载波信号，经倍频后再与接收的卫星信号混频，即可得到一个频率较低的信号，将该信号平方后，便产生了一个消去调制码的纯载波信号。其原理可简单说明如下。

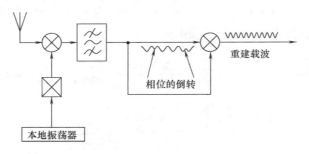

图 3-5　平方型通道示意图

在用户接收到 GPS 信号后，经过变频而得到中频 GPS 信号，于是载波频率降低了。假设，接收机收到的卫星信号分量为：

$$U = A(t)\cos(\omega t + \varphi_0) \tag{3-5}$$

平方，得：

$$U^2 = A^2(t)\cos^2(\omega t + \varphi_0) = A^2(t)\left[1 + \cos(2\omega t + 2\varphi_0)\right]/2 \tag{3-6}$$

式中　$A(t)$——调制码的振幅。

中频信号 U 的调制波 A 是取值为 ± 1 的二进制信号波形，其平方结果恒等于 1。因此，乘法器 B 的输出信号是一种纯净载波，但其频率确是中频的二倍，该信号称为重建载波。平方型波道压缩了频带宽度，但抑制数据码，无法检译出 GPS 卫星发送的导航电文。

（3）码相位型通道　码相位通道也是一种平方型通道，与平方型通道的区别是它所得到的信号不是重建载波，而是一种码率正弦波。平方通道可以获得载波相位的量测值，而码相位通道可获得测距码相位的量测值。测距码相位的量测，使用了在数字化通信系统中提供信号同步或比特同步的自相关技术或互相关技术，其工作原理如图 3-6 所示。接收码（C/A 或 P 码）起始端输入，经延时、滤波得到复合码，再经组合得到码率正弦波，即接收机时钟所产生的秒脉冲启开时间间隔计数器后开始计数，遇到码率正弦波，其正向过零点时关闭计数器。这样由开、关计数器的时间差便可确定测站和卫星间的距离。码相位通道只能测得不足一个码元宽度的时间间隔，因此存在多解问题，但可通过多普勒测量来解决。

码相位型通道的优点与平方型通道一样，无需了解测距码的结构，而可以利用码相位观测量进行定位工作。其缺点也是无法获得导航电文和时间信息。另外，由于码相位通道测量的是测距码相位，所以其观测量的精度较平方型通道低。利用码相位通道的接收机，可以美

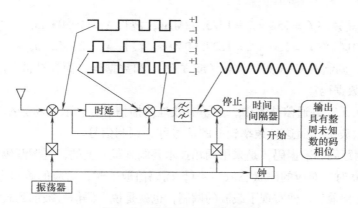

图 3-6　码相位型通道示意图

国 ISTAC—2002 为代表。

目前，测量型 GPS 接收机的通道普遍综合采用了相关技术与平方技术。这种接收机综合了码相关型通道和平方型通道的优点，可以提供多种定位信息，如测码伪距、载波相位观测量、导航电文和时间信息，这对于精密定位工作具有重要意义。

课题 3　GPS 卫星信号

GPS 卫星信号是 GPS 卫星向广大用户发送的用于导航定位的已调波，其载波处于 L（波长为 22cm）频段，其调制波是卫星导航电文和伪随机噪声码的组合码。

1. 卫星的载波信号与调制

GPS 卫星信号包含有三种信号分量，即载波、测距码和数据码。而所有这些信号分量，都是在同一个基本频率 $f_0 = 10.23\text{MHz}$ 的控制下产生的（图 3-7）。

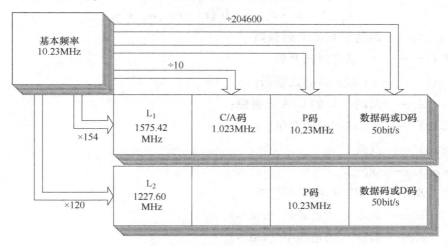

图 3-7　GPS 卫星信号示意图

GPS 卫星取 L 波段的两种不同频率的电磁波为载波，即：

1）L_1载波，其频率$f_1 = 154 \times f_0 = 1575.42\text{MHz}$，波长$\lambda_1 = 19.03\text{cm}$。

2）L_2载波，其频率$f_2 = 120 \times f_0 = 1227.60\text{MHz}$，波长$\lambda_2 = 24.42\text{cm}$。

在载波L_1上，调制有C/A码、P码（或Y码）和数据码，而在载波L_2上，只调制有P码（或Y码）和数据码。

大家知道，在无线电通信技术中，为了有效地传播信息，一般均将频率较低的信号，加载到频率较高的载波上，而这时频率较低的信号称为调制信号。

GPS卫星的测距码和数据码，是采用调相技术调制到载波上的，且调制码的幅值只取0或1。如果当码值取0时，对应的码状态取为+1，而码值取1时，对应的码状态为 -1，那么载波和相应的码状态相乘后，便实现了载波的调制，也就是说，码信号被加到载波上去了。

这时，当载波与码状态 +1 相乘时，其相位不变，而当与码状态 -1 相乘时，其相位改变180°。所以，当码值从0变为1，或从1变为0时，都将使载波相位改变180°。图3-8描绘了调制后载波相位的变化情况。

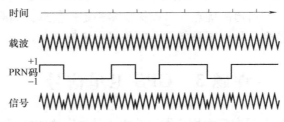

图3-8　GPS卫星载波信号的调制示意图

若以$S_{t_1}(t)$和$S_{t_2}(t)$分别表示载波L_1和L_2经测距码和数据码调制后的信号，则GPS卫星发射的信号，可分别表示为：

$$S_{t_1}(t) = A_P \cdot P_i(t) \cdot D_i(t) \cdot \cos(\omega_1 t + \varphi_1) + A_C \cdot C_i(t) \cdot D_i(t) \cdot \sin(\omega_1 t + \varphi_1) \quad (3-7)$$

$$S_{t_2}(t) = B_P \cdot P_i(t) \cdot D_i(t) \cdot \cos(\omega_2 t + \varphi_2) \quad (3-8)$$

式中　　　　A_P——调制于L_1的P码振幅；

$P_i(t)$ ——±1状态时的P码；

$D_i(t)$ ——±1状态时的数据码；

A_C——调制于L_1的C/A码振幅；

$C_i(t)$ ——±1状态时的C/A码；

$\cos(\omega_1 t + \varphi_1)$——载波$L_1$；

$\cos(\omega_2 t + \varphi_2)$——载波$L_2$；

B_P——调制于L_2的P码振幅；

ω_1——载波L_1的角频率（rad/s）；

ω_2——载波L_2的角频率（rad/s）。

i——卫星编号。

构成GPS卫星信号的框图如图3-9所示。图中说明，卫星发射的所有信号分量都是根据同一基本频率f_0（图中A点）产生的，其中包括载波L_1（B点）、L_2（C点），调制在载波上的调相信号 C/A 码（D 点）、P 码（F 点）和数据码（G 点）。经卫星发射天线（H 点）发射的信号分量包括：C/A 码信号（J 点）、L₁—P 码信号（K 点）和 L₂—P 码信号（L 点）。

2. 卫星信号的解调

为了进行载波相位测量，当用户接收机收到卫星发播的信号后，一般可通过以下两种解调技术来恢复载波的相位。

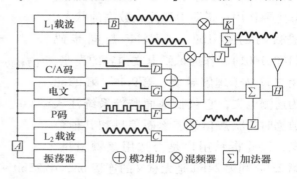

图 3-9　GPS 卫星信号示意图

1）复制码与卫星信号相乘。由于调制码的码值是用 ±1 的码状态来表示的，所以当把接收的卫星码信号与用户接收机产生的复制码，即结构与卫星的测距码信号完全相同的测距码，在两码同步的条件下相乘，即可去掉卫星信号中的测距码而恢复原来的载波。不过，这时恢复的载波，尚含有数据码即导航电文。采用这种解调技术的条件是必须掌握测距码的结构，以便产生复制码。

2）平方解调技术。这时将接收到的卫星信号进行平方，由于处于 ±1 状态的调制码经平方后均为 +1，而 +1 对载波相位不产生影响，所以，卫星信号经平方后，便可达到解调的目的。采用这种方法，可不必知道调制码的结构。但是平方解调法，不仅去掉了卫星信号中的测距码，而且导航电文也同时被去掉了。

无线电信号的调制与解调，是无线电通信技术的重要内容，有兴趣的读者可进一步参阅有关文献。

课题 4　GPS 导航电文

一、GPS 导航电文及其格式

GPS 导航电文包含有关卫星的星历、卫星工作状态、时间系统、卫星钟运行状态、轨道摄动改正、大气折射改正和又 C/A 码捕获 P 码等导航信息的数据码，即 D 码，是利用 GPS 进行定位的数据基础。

GPS 导航电文为二进制的形式，依规定格式组成，按帧向外播送。每帧电文含有 1500bit，播送速度为 50bit/s，所以播送一帧电文的时间需要 30s。每帧导航电文含有 5 个子帧（见图 3-10），而 1、2、3 帧各含有 10 个字，每个字 30bit，故每一子帧共含有 300bit，其持续播发时间为 6s。第四、五帧各含有 25 页。子帧 1、2、3 与子帧 4、5 的每一页均构成一个主帧。在每一主帧的帧与帧之间，1、2、3 子帧的内容每小时更新一次，而子帧 4、5 的内容仅在给卫星注入新的导航数据后才得以更新。

二、导航电文的内容

每帧导航电文中，各子帧的主要内容如图 3-11 所示。

1. 遥测码

每个子帧的第一个字码都是遥测码，其主要作用是指明卫星注入数据的状态。遥测码的第 1bit ~ 第 8bit 是同步码（10001001），作为识别电文内容的先兆，用户较易于理解导航。第 9bit ~ 第 22bit 为遥测电文，它包括地面监控系统注入数据时的状态信息、诊断信息和其他信息，以此指示用户是否选用该颗卫星。

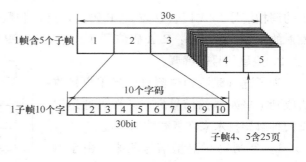

图 3-10　导航电文的基本构成

第23bit 和第24bit 是无意义的连接 bit；第25bit ~ 30bit 为奇偶检验码，它用于发现错误，纠正个别错误，确保正确地传送导航电文。

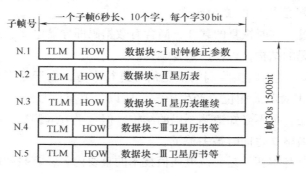

图 3-11　电文-主帧结构

2. 转换码

转换码位于各子帧的第二个字。其作用是提供帮助用户从所捕获的 C/A 码转换到捕获 P 码的 Z 计数。Z 计数是从每星期六/星期日子夜零时起算的时间计数，它表示下一子帧开始的瞬间的 GPS 时，如图 3-12 所示。因为每一子帧播送延续的时间为 6s，所以下一子帧开始的瞬间即为 $6 \times Z$。用户获得了转换码，即可以实时了解观测瞬间在 P 码周期中所处的准确位置，便于迅速地捕获 P 码。

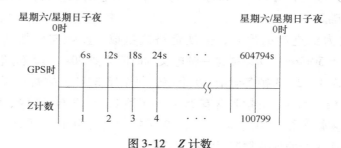

图 3-12　Z 计数

3. 第一数据块

第一数据块位于第一子帧的第 3 ~ 10 个字。其主要内容包括电离层时延差改正、数据龄期、星期序号和卫星时钟改正参数等信息。

1）电离层时延差改正参数 T_{gd} 标明了载波 L$_1$、L$_2$ 的电离层时延差改正。对于单频接收机，为了减少电离层折射误差的影响，用 T_{gd} 改正观测结果，可以提高导航和测量定位的精度。而对于双频接收机，可以通过 L$_1$、L$_2$ 两项观测值的组合来消除电离层折射误差的影响，所以不需要此项改正。

2）GPS 卫星时钟的数据龄期（AODC）是卫星时钟改正数的外推时间间隔，即：AODC $= t_{0e} - t_L$。式中，t_{0e}、t_L 分别表示第一数据块的参考时刻和计算卫星时钟改正数所用数据的最后观测时间。因为随着时间的推移，给出的卫星时钟改正参数的精度将会随之下降。所以 GPS 卫星时钟的数据龄期（AODC）指明了卫星时钟改正参数的置信度。

3）虽然卫星时钟采用铯原子钟和铷原子钟精度很高，但随着时间的推移，其频率也会漂移。而且，由于相对论效应的影响，卫星钟会比地面钟走得快。即使经过了一些改正，但相对论效应引起的时间偏移并非常数。所以卫星时钟钟面时应加以改正，可按下式计算任意时刻 t 的钟差改正数 Δt：

$$\Delta t = a_0 + a_1(t - t_{0e}) + a_2(t - t_{0e})^2 \tag{3-9}$$

4）星期序号 WN 表示从 1980 年 1 月 6 日子夜零点协调时起算的星期数，即 GPS 时星期数。

4. 第二数据块

导航电文的第二和第三子帧组成第二数据块，其内容为 GPS 卫星的广播星历参数。它是用户利用 GPS 进行实时导航和测量定位的基础数据，用户利用广播星历参数可以计算卫星的运行位置坐标和速度。描述卫星运行轨道的星历参数包括三类：

1）星历参数的数据龄期 AODC。

2）开普勒轨道 6 参数。

3）轨道摄动 9 参数。

5. 第三数据块

导航电文的第四和第五子帧组成第三数据块，其内容为所有 GPS 卫星历书数据，是广播星历的概略形式。它为用户提供所用 GPS 卫星的低精度空间位置、钟改正参数、卫星工作状态及卫星识别标志等。

当用户捕获到一颗卫星后，便可从其导航电文的数据块中知道其他所有卫星的概略位置、卫星钟的概略改正数及其工作状态等信息。这对于选择适宜的观测卫星，构成最佳的几何图形，以及提高定位的精度是非常重要的，同时也有助于缩短搜捕卫星信号的时间。

单元小结

本单元主要介绍了 GPS 卫星的测距码信号、GPS 接收机、GPS 卫星信号、GPS 导航电文等内容。对于本单元的学习，主要是掌握 GPS 的测距码信号、GPS 卫星信号及导航电文。由于理论性较强，对学生的知识面要求较广，因此在学习中不可过分深究，可参阅网络、报刊、其他书籍等资料辅助学习。

单元 4 GPS 测量误差

【单元概述】

GPS 测量和其他测量工作一样，在进行定位时同样不可避免地会受到测量误差的影响。按误差的性质不同，又可分为系统误差和偶然误差，其中系统误差的影响又远远大于偶然误差。本项目对 GPS 测量的主要误差进行讨论和分析，并在分析的基础上提出消除和减弱各项误差影响的方法和措施。

【学习目标】

了解 GPS 定位的误差类型；掌握与卫星相关的误差来源及其处理方法；了解与卫星信号传播相关的误差来源及其应对措施；掌握与接收设备相关的主要误差来源及其减弱措施；掌握精度衰减因子的概念和种类；正确描述 GPS 定位的主要误差来源和类型；正确制定减弱卫星定位的具体措施。

课题 1　GPS 误差概述

利用 GPS 进行导航或测量定位是通过 GPS 接收机接收卫星信号并进行跟踪测量，经过解算获得用户站的三维位置坐标及时间信息。影响导航和定位测量结果精度来源主要有以下几个方面：

1）与 GPS 卫星有关的误差，包括卫星时钟误差、卫星星历误差、相对论效应误差。

2）与信号传播有关的误差，包括电离层折射误差、对流层折射误差、多路径效应误差。

3）与接收机有关的误差，包括接收机时钟误差、接收机位置误差、接收机天线相位中心位置误差。

GPS 测量误差的类型见表 4-1，其中卫星星历误差、电离层折射误差、对流层折射误差是影响 GPS 定位精度的主要因素。在进行高精度 GPS 测量定位时，还应该考虑到与地球整体运动有关的误差，如地球自转、地球潮汐和相对论的影响。

表 4-1 GPS 测量误差的类型

误差来源	误差分类	对距离测量的影响/m
GPS 卫星	卫星星历误差；卫星误差；相对论效应	1.5 ~ 15
信号传播	电离层折射误差；对流层折射误差；多路径效应	1.5 ~ 15
接收设备	接收机钟差；位置误差；天线相位中心变化	1.5 ~ 5
其他影响	地球潮汐；负荷潮	1.0

按误差的性质进行区分，上述各种误差有的属于系统误差，有的属于偶然误差。例如，卫星星历误差、卫星时钟误差、接收机时钟误差和大气折射误差等都属于系统误差，多路径效应误差等则属于偶然误差。无论是从误差本身的大小或是对其测量定位结果影响程度来讲，系统误差比偶然误差都要大得多，因此系统误差是 GPS 测量定位的主要误差源。由于系统误差的影响具有一定的规律，因此可以采取一定的方法将其消除或减弱。

在进行各种 GPS 测量中，为了减弱或消除误差的影响，通常可以采取如下的方法和措施：

一、建立误差改正模型对观测值进行改正

误差改正模型通常有理论模型、经验模型和综合模型。理论模型是通过对误差产生的原因、误差的性质及其对测量定位影响的规律进行研究和分析，并从理论上进行严格地推导而建立起来的误差改正模型；经验模型则是通过对大量的观测数据进行统计分析和研究，并经过拟合而建立起来的误差改正模型；综合模型则是综合以上两种方法而建立起来的误差改正模型。

在 GPS 测量中，上述三种误差改正模型中的理论模型和综合模型经常使用。例如，双频电离层折射改正模型属于理论模型，而对流层折射改正模型属于综合模型。而经验模型因其改正效果欠佳，在实践中不常使用。利用误差改正模型进行改正，其效果通常取决于两个因素：一个是误差改正模型本身的完善程度；另一个是所获取的改正模型中所需要的各个参数的精度。

二、选择较好的硬件和观测条件

在 GPS 测量中，有的误差是无法利用误差改正模型进行改正的。比如多路径误差的影响是复杂的，其与观测站周围的环境有很大的关系。减弱多路径误差的影响，一是选择功能完善的接收机天线；二是在选择 GPS 点位时要远离信号源和反射物。

三、利用同步观测值求差

研究和分析误差对观测值或平差结果的影响情况，以此来制定合理的观测方案和采用有效的数据处理方法。利用误差对观测值或平差值影响的相关性，通过对相应的观测值求差来减弱一些误差的影响，提高测量结果的精度。

四、引入相应的参数，在数据处理中与其他未知参数一同求解

在 GPS 测量中，有的误差是利用卫星提供的模型和有关参数进行改正的，但是其效果不理想。此时也可以将这些参数设为未知参数，而将卫星提供的参数作为未知参数的初始值，在数据处理中与其他未知参数一起进行解算，达到减弱误差的影响和提高测量结果精度的目的。

课题 2 GPS 卫星误差

与 GPS 卫星有关的误差，主要包括卫星星历误差、卫星的轨道误差、卫星钟差、地球自转影响和相对论效应的影响。在 GPS 测量中，可通过一定的方法消除或减弱其影响，也可采用某种数学模型对其进行改正。

一、卫星星历误差

由星历所计算得到的卫星的空间位置与实际位置之差称为卫星星历误差。卫星星历是由地面监控站跟踪卫星求定的，由于卫星运行中要受到多种摄动力的复杂影响，而通过地面监控站又难以充分可靠地测定这些作用力或掌握其作用规律，因此在星历预报时会产生较大的误差。要估计和处理卫星星历误差一般是比较困难的，在一个观测时段内，星历误差属于系统误差，是一种起算数据误差。在通常情况下，广播星历误差为 25m 左右（但美国实施 SA 干扰时，广播星历误差可达 100m 左右）。它不仅严重影响单点定位的精度，也是精密相对定位的重要误差来源。

1. 星历误差的来源

（1）广播星历　广播星历是卫星电文中所包含的主要信息。它是根据美国 GPS 控制中心跟踪站对 GPS 卫星观测的数据进行外推而得到的一种预报星历。由于尚不能充分了解作用在卫星上的各种摄动力因素的大小及其变化规律，所以预报数据中存在较大的误差。当前从卫星电文中解译出来的星历参数共 17 个，每两个小时更换一次。由这 17 个星历参数确定的卫星位置精度为 20 ~ 40m，有时可达 80m。随着启用全球均匀分布的跟踪网进行测轨和预报，由星历参数计算的卫星坐标可望精确到 5 ~ 10m。不过，根据美国政府的 GPS 限制性政策，广大用户很难从系统的改善中获得应有的精度。

（2）实测星历　它是根据实测资料进行拟合处理而直接得出的星历。具体方法是，在一些已知精确位置的点上对卫星进行跟踪观测，计算观测瞬间的卫星真实位置，通过模型拟合可获得精确可靠的精密星历。这种星历要在观测 1 ~ 2 个星期后才能得到，这对导航和动态定位无任何意义，但是对事后处理的静态精密定位具有重要作用。此外，GPS 卫星是高轨卫星，利用区域性的跟踪网也能获得很高的定位精度。所以，许多国家和组织都在建立自己的 GPS 卫星跟踪网，开展独立的定位工作。

2. 星历误差对定位精度的影响

（1）对单点定位的影响　在 GPS 测量中，卫星被作为空间的已知点，卫星星历被作为

已知的起算数据，这样星历误差必将以某种方式传递给测站坐标，从而产生定位误差。星历误差在测站至卫星方向上影响测站坐标和接收机钟差改正数，而具体的配赋方式与卫星到观测站的几何图形有关。卫星星历误差对观测站位置坐标的影响通常可达数米、数十米甚至上百米。

（2）对相对定位的影响　在利用 GPS 卫星进行相对定位时，卫星星历误差对相邻两个观测站的影响具有很强的相关性。所以利用相邻两个观测站受卫星星历误差影响的相关性，将相应的观测量求差分，来消除卫星星历误差影响的相同部分，从而获得高精度的相对坐标，达到减弱卫星星历误差影响的目的。另外，星历误差对相对定位的影响远小于对单点定位的影响。

假定广播星历误差为 25m，观测站至卫星的距离为 $2.5 \times 10^4 km$，则卫星星历的相对误差约为 1×10^{-6}，卫星星历误差对 GPS 测量基线的影响可达 $(0.1 \sim 0.25) \times 10^{-6}$。所以卫星星历误差在 GPS 行对定位中仍是一个主要误差源。

3. 削弱卫星星历误差影响的方法和措施

卫星星历误差对单点绝对定位的影响是很大的，而对相对定位的影响也是绝对不可忽视的。所以在进行 GPS 测量时，通常可以采用下面的方法和措施来消除或减弱卫星星历误差的影响。

（1）采用轨道松弛法　所谓轨道松弛法是指在数据处理时，将卫星广播星历给出的轨道参数作为初始值，而将表征卫星运动轨道的轨道参数设为未知参数并与其他未知参数一同进行求解。通过平差计算，不仅可以求出观测站的位置坐标，而且能求出卫星轨道参数的改正数。

由于卫星星历误差是由各种摄动力的综合影响而产生的，而摄动力对卫星轨道 6 个参数的影响也是不相同的，而且在对卫星轨道摄动进行修正时，采用的各种摄动力模型的精度也不一样，所以在轨道松弛法中引入轨道参数作为未知参数时，引入未知参数的个数也是不一样的。

1）短弧法。在使用轨道松弛法时，将 6 个卫星轨道参数都设为未知参数，在数据处理中与其他未知参数一同进行求解。这种方法可以有效地减弱卫星星历误差的影响，明显地提高测量定位的精度，但这种方法未知参数较多，计算工作量较大。

2）半短弧法。在使用轨道松弛法时，将 6 个卫星轨道参数中的若干个设为未知参数，比如将摄动力影响较大的轨道切向、径向和法向三个参数设为未知参数，在数据处理中与其他未知参数一同进行解算。由于其引入的未知参数相对较少，所以计算比较简单。

轨道松弛法有一定的局限性，比如测区过小时不宜使用。另外，使用轨道松弛法的数据处理比较复杂，工作量大，作业人员素质要求高，因此不宜作为 GPS 测量的基本方法，只能作为在无法获得精密星历情况下的一种补救措施。

（2）建立卫星跟踪网进行独立定轨　由于广播星历的误差较大，其对 GPS 测量的影响也比较大。对于进行长距离和高精度 GPS 测量时，应该使用高精度的精密星历。一方面可以向有偿提供精密星历的部门预定，另一方面可以建立 GPS 卫星跟踪网，进行独立定轨，自己提供高精度的精密星历，以满足精密 GPS 测量定位的要求。这样不仅可以摆脱在非常时期受美国政府有意降低卫星广播星历精度的影响，而且还可以向实时动态测量的用户提供无人干扰的预报星历。

（3）同步观测值求差　这一方法是利用在两个或多个观测站上，对同一卫星的同步观测值求差，以减弱卫星轨道误差的影响。由于同一卫星的位置误差对不同观测站同步观测量的影响具有系统性质，所以通过上述求差的方法，可以明显地减弱卫星轨道误差的影响，尤其当基线较短时，其有效性甚为明显。这种方法，对于精密相对定位具有极其重要的意义。

二、卫星钟差

卫星时钟误差通常是指卫星时钟的时间读数与 GPS 标准时间之间的偏差。虽然在每颗 GPS 卫星上都装有原子钟，但是随着时间的积累，这些原子钟与 GPS 标准时间之间也会有难以避免的偏差和漂移，并且随着时间的推移，这些偏差和漂移还会发生变化。而在 GPS 测量中所有的观测量都是以精密的测时为依据的，所以卫星时钟误差会对伪距测量和载波相位测量的结果产生影响。通常卫星时钟的偏差总量在 1ms 以内，由此产生的等效距离误差可达 300km。

对于卫星钟的这种偏差，一般可以通过对卫星钟运行状态的连续监测而精确地确定，并表示为以下二阶多项式的形式：

$$\delta t^j = a_0 + a_1(t - t_{0e}) + a_2(t - t_{0e})^2 \tag{4-1}$$

式中　　t_{0e}——参考历元；

a_0、a_1、a_2——表示卫星钟在 t_{0e} 时刻的钟差、钟速（或频率偏差）及钟速变率（或老化率），这些数值由卫星的主控站测定，并通过卫星的导航电文提供给用户。

利用式（4-1）计算卫星时钟读数的改正数并加以改正，改正后通常能保证卫星时钟与 GPS 标准时间的同步误差在 20ns 以内，由此产生的等效距离误差不会超过 6m。要想进一步减弱卫星时钟残差的影响，可以在不同的观测站上对同一颗卫星进行同步观测，并将相应的同步观测值进行求差分处理。

三、相对论效应误差

相对论效应是由于卫星时钟和接收机时钟所处的状态不同而引起卫星时钟与接收机时钟所产生相对钟误差的现象。由于相对论效应误差取决于卫星时钟所处的状态，而且相对论效应误差是以卫星时钟误差的形式出现的，所以将相对论效应误差归入到与卫星有关的误差内。

根据狭义相对论理论，在地面上具有一定频率的时钟，将其安置在以一定速度运行的卫星上，则该时钟将比在地面上时的频率要慢一些。由于 GPS 卫星的运行轨道是一个椭圆，即卫星轨道高度是变化的，同时其运行速度也随时间而发生变化，所以相对论效应的影响也并非是常数。这一项误差在进行高精度 GPS 测量时应该要予以考虑。

课题3　信号传播误差

与卫星信号传播有关的误差有电离层折射误差、对流层折射误差和对路径效应误差，下面分别予以介绍。

一、电离层折射误差

距离地面 50~1000km 范围的大气层为电离层。由于受到太阳等天体的这种射线辐射，电离层中气体分子发生电离，形成大量的自由电子和正离子。当 GPS 信号通过电离层时，信号的路径会发生弯曲，传播速度也会发生变化。所以，信号的传播时间与真空中光速的乘积并不等于卫星至接收机之间的几何距离，该偏差称为电离层折射误差。

由于电力的原动力来自太阳，电离层的电子密度白天约为夜间的 5 倍，在一年中，冬季为夏季的 4 倍，太阳黑子活动最激烈时为最小时的 4 倍，因此对于 GPS 信号来说，这种距离差在天顶方向可达 50m，在接近地平面方向上时可达 150m，可见电离层折射误差对观测量的精度影响较大，必须采取有效措施减弱它的影响。

1. 相对定位

相对定位也称差分处理技术。当测站间的距离相距不太远时，两测站上的电子密度变化不大，卫星的高度角相差不多，此时卫星信号到达不同观测站所经过的介质状况相似、路径相似，当利用两台或多台接收机对同一组卫星的同步观测值求差时，可以有效地减弱电离层折射的影响，即使不对电离层折射进行改正，对基线成果的影响一般也不会超过 1×10^{-6}，所以，在短基线上利用单频接收机也能获得很好的定位结果。

2. 利用双频观测

如果利用双频接收机接收 GPS 卫星信号进行导航和定位测量，双频接收机可以同时接收 GPS 卫星发射的两个频率的信号并分别进行测量，获得两个观测值。由于这两个频率的信号是沿着同一条路径传播到达接收机天线的，虽然在传播路径上的电子总量无法准确计算，但是其相对于这两个频率信号来说应该是相同的。所以我们利用这一点可以很好地削弱电离层折射误差的影响。

由于电离层的影响是信号频率的函数，所以，利用不同频率的电磁波信号进行观测，便可能确定其影响的大小，以便对观测量加以修正。

假设，$\Delta_{Ig}(L_1)$ 为用 L_1 载波的码观测时电离层对距离观测值的影响，而 $\tilde{\rho}_{f_1}$ 和 $\tilde{\rho}_{f_2}$ 分别为根据载波 L_1 和 L_2 的码观测所得到的伪距，并取 $\delta\rho = \tilde{\rho}_{f_1} - \tilde{\rho}_{f_2}$，于是得

$$\Delta_{Ig}(L_1) = -1.5457\delta\rho \qquad (4-2)$$

对于载波相位观测量的影响有

$$\Delta\varphi_{Ip}(L_1) = -1.5457(\varphi_{f_1} - 1.2833\varphi_{f_2}) \qquad (4-3)$$

式中　$\Delta\varphi_{Ip}(L_1)$——用频率 f_1 的载波观测时电离层折射对相位观测量的影响；

　　　φ_{f_1}、φ_{f_2}——相应于频率 f_1 和 f_2 的载波相位观测量。

有关实际资料分析表明，利用双频观测法进行改正后，距离残差值可达厘米级。不过应当指出，在太阳辐射强烈的正午，或在太阳黑子活动的异常期，虽经上述模型的修正，但由于模型的不完善而引起的残差，仍可能是明显的。这在拟定精密定位的观测计划时，应慎重考虑。

3. 利用电离层模型加以修正

对于单频接收机要减弱电离层折射误差的影响通常是采用在导航电文中提供的电离层改正模型进行改正的。由于影响电离层电子密度的因素较复杂，难以准确地确定观测时刻 GPS 卫星信号传播路径上的电子总量。另外，导航电文中提供的电离层改正模型是反映长时期全球平均状况的经验模型，所以利用这样的改正模型估算地球行某一地点在某一时刻的电离层折射误差并进行改正大都是不理想的。通常改正后的残差为实际延迟量的 20% ~40%。

4. 选择最佳观测时段进行观测

因为电离层折射误差影响的大小与电磁波信号传播路径上的电子总量有密切关系，所以应选择最佳观测时段（一般为晚上）。这时，大气电离的程度小、电子总量少，从而达到减弱电离层影响的目的。

二、对流层折射误差

1. 对流层及其影响

对流层是高度为 50km 以下的大气底层，其大气密度比电离层更大，大气状态变化也更复杂。由于地面辐射热能的影响，对流层的温度随高度的上升而降低，当 GPS 信号通过对流层时，传播的路径则发生弯曲，从而使测量距离产生偏差，这种偏差称为对流层折射误差。

对流层折射与地面气候、大气压力、温度和湿度变化密切相关，比电离层折射的情况更加复杂。对流层折射误差与信号的高度角有关，当在天顶方向达到 2.3m 时，在地面方向则可达 20m。

2. 减弱对流层折射误差的措施

（1）利用改正模型进行改正　其设备简单，方法易行。但是由于水汽在空间的分布很不均匀，不同时间、不同地点水汽含量相差甚远，用统一的模型难以准确描述，所以对流层改正的湿气部分精度较低，只能将湿分量消去 80% ~90%。

（2）利用同步观测值求差　与电离层的影响相类似，当两观测站相距不太远时（如 <20km），由于信号通过对流层的路径相近，对流层的物理特性相似，所以，对同一卫星的同步观测值求差，可以明显地减弱对流层折射的影响。因此，这一方法在精密相对定位中应用甚为广泛。不过，随着同步观测站之间距离的增大，地区大气状况的相关性很快减弱，这一方法的有效性也将随之降低。根据经验，当距离 >100km 时，对流层折射对 GPS 定位精度的影响，将成为决定性的因素之一。

三、多路径误差

多路径是指卫星信号通过不同路径传到接收机天线。除直接收到卫星发射的信号外，尚可能收到经天线周围地物一次或多次反射的卫星信号。两种信号叠加，将会引起测量参考点（相位中心）位置的变化，从而使观测量产生误差，这种由于多路径信号传播所引起的干涉时延效应称为多路径效应。根据实验资料的分析表明，在一般反射环境下，多路径效应对测码伪距的影响可达米级，对测相伪距的影响可达厘米级；而在高反射环境下，不仅其影响将显著增大，而且常常导致接收的卫星信号失锁和使载波相位观测量产生周跳。因此，在精密GPS 导航和测量中，多路径效应的影响是不可忽略的。

多路径效应的影响，一般包括常数部分和周期性部分，其中常数部分在同一地点将会日复一日地重复出现。

多路径效应的影响随着天线周围反射物面的性质而异。物面反射信号的能力可用反射系数 a 来表示。$a=0$ 表示信号完全被吸收不反射；$a=1$ 表示信号完全反射不吸收。表 4-2 表示不同发射物面对频率为 2GHz 的微波信号的反射系数。

表 4-2　反射系数

水　面		稻　田		野　地		森林山地	
a	损耗/dB	a	损耗/dB	a	损耗/dB	a	损耗/dB
1.0	0	0.8	2	0.6	4	0.3	10

多路径误差不仅与反射系数有关，也和反射物离测站的距离和卫星信号方向有关，无法建立准确的误差改正模型，只能选择恰当站址，避开信号反射物。比如选设点位时应远离大面积平静水面，而将站址选在地面有草丛、农作物等植被能较好吸收微波信号能量的地方；测站不宜选在山坡、山谷和盆地中；测站附近不应有高层建筑物等。

课题 4　接收机误差

与用户接收机有关的误差，主要包括接收机安置误差、接收机钟差、天线相位中心误差等。

一、接收机钟差

GPS 接收机内时标一般采用石英晶体振荡器，其稳定度约为 1×10^{-6}。若采用恒温晶体振荡器，其稳定度可达到 10^{-9}。架设接收机钟与卫星钟之间的同步差为 $1\mu s$，则由此引起的等效距离误差约为 300km。由此可见，接收机钟差对测量成果的精度影响极大。

减弱接收机钟差的方法有以下几种：

1) 将每个观测时刻的接收机钟差当做一个独立的未知数，在数据处理时与测站的位置参数一并求解。

2) 认为各观测时刻的接收机钟差间是相关的，将其表示为时间的多项式，并引入平差模型中一并求解多项式系数。

3) 通过在卫星求一次差消除接收机钟差。

二、接收机安置误差

接收机天线相位中心相对于测站标石中心位置的偏差称为接收机安置误差。它包括天线的整平和对中误差以及天线高的量测误差。若天线高为 1.6m，整平误差为 6′，则会产生 3mm 的对中误差。因此，在精密定位中，必须认真操作，尽量减少这种误差的影响。在 GPS 变形监测中，应采用有强制对中装置的观测墩。

三、天线相位中心的位置误差

在 GPS 测量中，各种观测值（伪距观测值和载波相位观测值）都是以接收机天线的相位中心位置为基准的，即所测得的距离观测值是卫星到接收机天线的相位中心之间的距离。而接收机天线的相位中心在理论上应该与天线的几何中心是一致的。但实际上接收机天线瞬时相位中心的位置与理论上的相位中心的位置不一致，这种偏差即为接收机天线相位中心位置误差。其差值随卫星信号的强度和方向的不同而变化，通常情况下可达数毫米到数厘米。

一方面在天线设计时，应该尽量减少该项误差；另一方面在进行高精度 GPS 测量中，应尽量使用同一类型的接收机天线。同时在相距不太远的两个或多个观测站上对同一组 GPS 卫星进行同步观测时，应利用罗盘使各天线指向（每个天线上都附有方向标志）的特点大致相同，这样将相应的观测值求差分可以有效地减弱接收机天线相位中心位置误差的影响。

课题 5 其他误差与卫星的几何强度

一、其他 GPS 测量误差

除上述三类误差的影响外，这里再简单地介绍一下其他可能的误差来源，如地球自转、地球潮汐以及相对论效应对 GPS 定位的影响。

1. 地球自转的影响

描述观测站在地球上的空间位置通常是在地球相固连的协议地球坐标系中，协议地球坐标系是随着地球一起旋转（围绕着 Z 轴）的，但是 GPS 卫星在轨运行时与地球的自转无关。在协议地球坐标系中，卫星的瞬时位置坐标是根据信号发播的瞬时计算的，所以还应该考虑地球自转的改正，即当 GPS 卫星在某一时刻发射信号并经过一定时间的传播到达观测站，协议地球坐标系已随着地球产生了旋转。若取 ω 为地球的自转速度，则旋转的角度为：

$$\Delta\alpha = \omega\Delta\tau_i^j \qquad (4\text{-}4)$$

式中　τ_i^j——卫星信号传播到观测站的时间延迟。

2. 地球潮汐改正

因为地球并非是一个刚体，所以在太阳和月球的万有引力作用下，固体地球要产生周期性的弹性形变，称为固体潮。此外在日月引力的作用下，地球上的负荷也将发生周期性的变动，使地球产生周期性的形变，称为负荷潮汐，如海潮。固体潮和负荷潮引起的测站位移可达 80cm，不同时间的测量结果互不一致，因此在高精度相对定位中应考虑其影响。

3. 相对论效应的影响

根据狭义相对论的观点，一个频率为 f 的振荡器安装在飞行的载体上，由于载体的运动，对地面的观测者来说将产生频率偏移。因此，在地面上具有频率为 f_0 的时钟，安设在以速度 v_S 运行的卫星上后，钟频将发生变化，其改变量为：

$$\Delta f_1 = -\frac{v_S^2}{2c^2}f_0 \tag{4-5}$$

这说明，在狭义相对论的影响下，时钟安装在卫星上之后将变慢。若应用已知关系式：

$$v_S^2 = ga_m\left(\frac{a_m}{R_s}\right) \tag{4-6}$$

则式（4-5）为：

$$\Delta f_1 = -\frac{ga_m}{2c^2}\left(\frac{a_m}{R_s}\right)f_0 \tag{4-7}$$

式中　g——地面重力加速度；

　　　c——光速；

　　a_m——地球平均半径；

　　R_s——卫星轨道平均半径。

另外，根据广义相对论，处于不同等位面的振荡器，其频率 f_0 将由于引力位不同而产生变化，这种现象常称为引力频移，其大小可按下式估算：

$$\Delta f_2 = \frac{ga_m}{c^2}\left(1-\frac{a_m}{R_s}\right)f_0 \tag{4-8}$$

在狭义与广义相对论的综合影响下，卫星钟频率的变化应为：

$$\Delta f = \Delta f_1 + \Delta f_2 = \frac{ga_m}{c^2}\left(1-\frac{3a_m}{2R_s}\right)f_0 \tag{4-9}$$

因为 GPS 卫星钟的标准频率 $f_0 = 10.23\text{MHz}$，所以可得：

$$\Delta f = 0.00455\text{Hz} \tag{4-10}$$

这说明，GPS 的卫星钟比其安设在地面上走得要快，每秒约差 0.45ms。消除这一影响的办法一般是将 GPS 卫星钟的标准频率减小约 $4.5 \times 10^{-3}\text{Hz}$。

但是，由于地球的运动和卫星轨道高度的变化，以及地球重力场的变化，上述相对论效应的影响并非常数。所以，经上述改正后仍有残差，其对卫星钟差的影响约为：

$$\delta t^i = -4.443 \times 10^{-10}e_s\sqrt{a_s}\sin E_s \tag{4-11}$$

式中　e_s——卫星轨道偏心率；

　　a_s——卫星轨道长半径；

　　E_s——偏近点角。

而对卫星钟速（频偏）的影响，有：

$$\delta t^j = -4.443 \times 10^{-10} e_s \sqrt{a_s} \cos E_s \frac{dE_s}{dt} \tag{4-12}$$

考虑到 $\dfrac{dE_s}{dt} = \dfrac{n}{1 - e_s \cos E_s}$，上式可改写为：

$$\delta t^j = -4.443 \times 10^{-10} e_s \sqrt{a_s} \frac{n \cos E_s}{1 - e_s \cos E_s} \tag{4-13}$$

数字分析表明，上述残差对 GPS 的影响最大可达 70ns，对卫星钟速的影响可达 0.01ns/s。显然，对于精密的定位工作来说，这种影响是不应忽略的。

二、卫星的几何强度

GPS 测量定位的精度除了取决于等效距离误差以外，还取决于空间后方交会的几何图形强度，也即是空间 GPS 卫星的几何分布情况。

当以测码伪距为观测量进行动态绝对定位时，由有关公式可得权系数阵：

$$Q_X = \left[a_i^{\mathrm{T}}(t) a_i(i) \right]^{-1} \tag{4-14}$$

其中，Q_X 中的元素 q_{ij} 表达了全部解的精度及其间的相关性信息，是评价定位结果的依据。

显然，GPS 星座与测站所构成的几何图形不同，权系数的数值也不同。此时，即使相同精度的观测值所求得的点位精度也不会相同。为此需要研究卫星星座几何图形与定位精度之间的关系。通常用图形强度因子 DOP（Dilution Of Precision）来表示 GPS 卫星的几何图形强度，其定义是：

$$m_x = \mathrm{DOP} \cdot \delta_0 \tag{4-15}$$

式中　δ_0——等效距离的标准差；

m_x——某定位元素的标准差；

DOP——实际权系数阵中的主对角线元素的函数。

图形强度因子是一个直接影响定位精度，但又独立于观测值和其他误差之外的一个量。其值恒大于 1，最大值可达 10，其大小随时间和测站位置而变化。在 GPS 测量中，希望 DOP 值越小越好。

在实际工作中，常根据不同的要求采用不同的评价模型和相应的图形轻度因子。

1）平面位置精度衰减因子 HDOP（Horizontal DOP），表征卫星几何位置布局对 GPS 平面位置精度影响的精度因子。相应的平面位置精度为：

$$m_H = \mathrm{HDOP} \cdot \delta_0 \tag{4-16}$$

$$\mathrm{HDOP} = (g_{11} + g_{22})^{\frac{1}{2}}$$

g_{11}、g_{22}——大地坐标系统中，相应点位坐标权系数阵 $\begin{pmatrix} g_{11} & g_{12} & g_{13} \\ g_{21} & g_{22} & g_{23} \\ g_{31} & g_{32} & g_{33} \end{pmatrix}$ 中的元素。

2）高程精度衰减因子 VDOP（Vertical DOP），表征卫星几何位置布局对 GPS 高程定位精度影响的精度因子。相应的高程精度为：

$$m_V = \mathrm{VDOP} \cdot \delta_0 \tag{4-17}$$

$$VDOP = (g_{33})^{\frac{1}{2}}$$

3）空间位置精度衰减因子 PDOP（Position DOP），表征卫星几何位置布局对 GPS 三维位置精度影响的精度因子。其相应的三维定位精度

$$m_P = PDOP \cdot \delta_0 \tag{4-18}$$

$$PDOP = (q_{11} + q_{22} + q_{33})^{\frac{1}{2}}$$

4）接收机钟差精度衰减因子 TDOP（Time DOP），表征卫星几何位置布局对 GPS 时间精度影响的精度因子。钟差精度

$$m_T = TDOP \cdot \delta_0 \tag{4-19}$$

$$TDOP = (q_{44})^{\frac{1}{2}}$$

5）几何精度衰减因子 GDOP（Geometric DOP），表征卫星几何位置布局对 GPS 三维位置误差和时间误差综合影响的精度因子。相应的中误差为：

$$m_G = GDOP \cdot \delta_0 \tag{4-20}$$

$$GDOP = (q_{11} + q_{22} + q_{33} + q_{44})^{\frac{1}{2}} = \left[(PDOP)^2 + (TDOP)^2 \right]^{\frac{1}{2}}$$

由分析表明，GPS 绝对定位的误差与精度衰减因子（DOP）的大小成正比，因此，在伪距观测精度 δ_0 确定的情况下，如何使精度衰减因子的数值尽量减小，便是提高定位精度的一个重要途径。

在实时绝对定位中，精度衰减因子仅与所测卫星的空间分布有关。所以，精度衰减因子也称为观测卫星星座的图形强度因子。由于卫星的运动以及观测卫星的选择不同，所测卫星在空间的几何分布图形是变化的，因而精度衰减因子的数值也是变化的。

在所测卫星分布图形较差的情况下，如果采用约束解，精度衰减因子将会得到改善。所谓约束解，是将已经以必要精度已知的一个或多个未知参数，作为已知值固定下来，或者限制其变化不超过一定的范围，来解算其余的未知参数。这一方法可以有效地改善精度衰减因子。

对高程施以约束后，几何精度衰减因子的峰值可以得到明显的削弱。既然精度衰减因子的数值与所测卫星的几何分布图形有关，那么何种分布图形比较适宜，自然是人们所关心的问题。

假设，由观测站与 4 颗观测卫星所构成的六面体的体积为 V，则分析表明，精度衰减因子 GDOP 与该六面体体积 V 的倒数成正比，即：

$$GDOP \propto \frac{1}{V} \tag{4-21}$$

一般来说，六面体的体积越大，所测卫星在空间的分布范围越大，GDOP 值越小；反之，所测卫星的分布范围越小，则 GDOP 值越大。

理论分析表明，在由观测站至 4 颗卫星的观测方向中，当任意两方向之间的夹角接近 109.5° 时，其六面体的体积为最大。但是，在实际的观测中，为了减弱大气折射的影响，所测卫星的高度角不能过低。所以必须在这一条件下，尽可能使所测卫星与观测站所构成的六面体的体积接近最大。

一般认为，在高度角满足上述要求的条件下，当1颗卫星处于天顶，而其余3颗卫星相距约120°时，所构成的六面体体积接近最大，实际工作中可作为选择和评价观测卫星分布图形的参考。

在动态绝对定位中，当可测的卫星多于4颗，而接收机能同时跟踪卫星的数目较少时，为了获得最小的精度衰减因子，便存在如何选择使上述六面体体积为最大的卫星星座问题，即所谓选星问题。为此，原则上应在可测卫星中选择各种可能的4颗卫星的组合，来计算相应的GDOP（或PDOP），并选取其中GDOP为最小的一组卫星进行观测。这一工作，目前均可由用户接收设备自动完成。

不过，在GPS工作卫星已全部投入运行的情况下，加之接收机跟踪卫星信号的通道数显著增多（一般≥8），在GPS定位工作中，选星问题已变得不那么重要了。

单 元 小 结

本单元介绍了GPS测量误差的来源及各种误差对定位的影响，详细介绍了卫星星历误差、卫星钟的钟误差、电离层延迟误差、多路径效应等基本概念，并以此为基础，重点阐述了GPS系统误差对定位结果的影响及减弱和消除各种误差影响的措施和方法。因两台接收机相距不远时，卫星轨道误差、卫星钟的钟差、电离层延迟误差和对流层延迟误差等，对同步观测量的影响具有较强的相关性，利用同步观测量的不同线性组合进行相对定位，可以有效地消除或减弱上述各项误差对定位结果的影响，从而提高定位的精度，这对大地测量、精密工程测量和精密导航而言，是非常重要的，因此本单元中重点讨论了相对定位用于消除或减弱上述各种误差的影响。

单元 5 卫星运动基础

【单元概述】

  利用 GPS 进行导航和定位，卫星作为已知位置的观测目标，在进行绝对定位时，卫星轨道误差将直接影响用户接收机位置的精度；而在相对定位时，尽管卫星轨道误差的影响将会减弱，但当基线较长或精度要求较高，轨道误差影响不可忽略。此外，为了定制 GPS 测量观测计划，同样需要知道卫星轨道参数。但 GPS 卫星绕地球运行时受到诸多作用力的影响，其运行轨迹极其复杂。为此，通过本单元的学习，了解 GPS 卫星在地球质心中心引力下的运动轨迹及其计算方法。

  结合 GPS 卫星位置、速度计算公式和 GPS 卫星星历，理解 GPS 卫星坐标的计算步骤和方法。给出相关参数，能根据所给公式计算任意历元 GPS 卫星的位置。

【学习目标】

  能准确理解卫星的无摄运动、受摄运动的相关理论；了解 GPS 卫星星历的概念，后处理星历分类及获取方法；掌握 GPS 卫星理论计算的方法。

课题 1 卫星运动概述

  人造地球卫星绕地球的运动状态取决于它所受到的各种作用力。这些作用力主要有地球对卫星的引力，太阳、月球对卫星的引力，大气阻力，太阳光压，地球潮汐力等。这些作用力中，地球引力是主要的。如果将地球引力的大小设为 1，那么其他作用力的大小均小于 0.1×10^{-6}。在这多种力的作用下，卫星在空间运行的轨迹极其复杂，难以用简单而精确的数学模型表达。为了研究卫星运动的基本规律，可将卫星所受到的作用力分为两类：第一类是地球质心引力，即将地球看做密度均匀或由无限多密度均匀的同心球层所构成的圆球，可以证明它对球外一点的引力等效于质量集中于球心的质点所产生的引力，这种引力叫做中心力。然而地球实际为非球形对称，这种非球形对称的地球引力场便对卫星产生非中心的引力，加上日、月引力，大气阻力，太阳光压，地球潮汐力等便产生了第二类叫做摄动力的非中心引力。摄动力与中心引力相比，仅为 10^{-3} 量级。

把卫星只受到地心引力的作用作为一种近似研究卫星的运动。忽略所有的摄动力，仅仅考虑地球质心引力研究卫星相对于地球的运动，在天体力学中，称为二体问题。二体问题下的卫星运动虽然是一种近似描述，但却能得到卫星运动的严密分析解，从而可以在此基础上再加上摄动力来推求卫星受摄运动的轨道。在摄动力的作用下，卫星的运动将偏离二体问题的运动轨道，通常称考虑了摄动力作用的卫星运动为卫星的受摄运动。

GPS卫星高度为2×10^4km，利用GPS卫星进行定位测量，要达到10^{-7}的相对定位精度，要求GPS卫星的定轨精度应能保证达到2m的精度。在这种情况下，任何摄动力模型必须达到2m级的精度。目前GPS卫星的广播星历轨道误差约为30m，广播星历30m的误差将以1.2×10^{-6}的误差引入基线。因此广播星历误差构成了GPS相对定位的主要误差来源。若要进行高精度的相对定位，在实际应用中必须研究GPS卫星的运行规律，改进GPS卫星的定轨精度。

课题2 卫星的无摄运动

一、卫星运动的轨道参数

只考虑地球质心引力作用的卫星运动称为卫星的无摄运动。在研究卫星的无摄运动中，将地球和卫星看做两个质点，作为二体问题研究两个质点在万有引力作用下的运动。卫星S绕地球质心O的运动关系如图5-1所示。

由开普勒定律可知，卫星运行的轨道通过地心平面上的椭圆，且椭圆的一个焦点与地心相重合。确定椭圆形状和大小需要两个参数，即椭圆的长半径a和偏心率e（或椭圆的短半径b）。另外，为了确定任意时刻卫星在轨道上的位置，需要一个参数，可以取真近点角V（在轨道平面上，卫星与近地点之间的地心角距）。

参数a、V和e唯一地确定了卫星轨道的形状、大小以及卫星在轨道上的瞬时位置。但是，这时卫星轨道平面与地球体的相对位置和方向还无法确定。确定卫星轨道与地球体之间的相互关系，可以表达为确定开普勒椭圆在天球

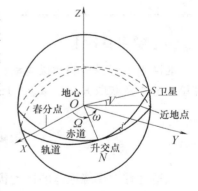

图5-1 卫星轨道参数

坐标系中的位置和方向。因为根据开普勒第一定律，轨道椭圆的一个焦点与地球质心相重合，所以为了确定该椭圆在上述坐标系中的方向，尚需三个参数，它们是：

1）Ω——升交点的赤经，即在地球赤道平面上，升交点与春分点之间的地心夹角。升交点，即当卫星由南向北运行时，其轨道与地球赤道的一个交点。

2）i——轨道面的倾角，即卫星轨道平面与地球赤道面之间的夹角。

Ω、i两个参数，唯一地确定了卫星轨道平面与地球体之间的夹角。

3）ω——近地点角距，即在轨道平面，升交点与近地点之间的地心夹角。

卫星的无摄运动，一般可通过一组适宜的参数来描述。但是，这组参数的选择并不是唯

一的。其中一组应用最广泛的参数是 a, e, V, Ω, i, ω, 称为开普勒轨道参数，或开普勒轨道根数。

通常情况下，选用上述6个参数来描述卫星运动的轨道是合理而必要的。但在特殊情况下，例如当卫星轨道为一圆形轨道，即 $e=0$ 时，参数 ω 和 V 便失去了意义。对于 GPS 卫星来说，$e=0.01$，所以采用上述6个轨道参数是适宜的。至于参数 a, e、Ω, i、ω, 的大小，则是由卫星的发射条件来决定的。

二、用偏近点角 E 代替真近点角 V

图 5-2 表示了偏近点角 E 与真近点角 V 的关系。在卫星轨道椭圆上，以椭圆中心为圆心，以椭圆长半径 a 为半径作一辅助圆，过卫星点 m_s 作 OP 的垂线 $m'm''$，连接 Om''，则两者之间的夹角 E 称为偏近点角。

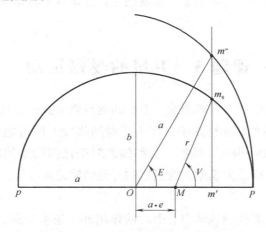

图 5-2 偏近点角 E 与真近点角 V

不难证明，$MM'=r\cos V=a(\cos E-e)$，于是得到以偏近点角 E 表示的轨道方程如下：

$$r=a(1-e\cos E) \tag{5-1}$$

由此导出真近点角 V 与偏近点角之间的关系式为：

$$\cos V=(\cos E-e)/(1-e\cos E)$$

$$\tan(V/2)=\sqrt{(1+e)/(1-e)}\tan(E/2) \tag{5-2}$$

可以看出，偏近点角 E 也是一个与时间有关的辅助函数。

三、开普勒方程

卫星绕地球质心运行的轨迹是一个椭圆，并且卫星至地心的向径所扫过的面积速度保持不变，表明卫星在不同位置的角速度是不同的，在近地点处角速度最大，而在远地点角速度最小。设卫星沿椭圆轨道运动的周期为 T_s，则平均角速度为：

$$n=2\pi/T_s \tag{5-3}$$

由此得到开普勒第三定律的数学表达式：

$$n^2 a^3 = GM \qquad (5-4)$$

建立以地球质心为坐标原点的坐标系，X 轴指向近地点，Y 轴重合于轨道的短轴，Z 轴为轨道平面的法线方向，构成右手坐标系。在此坐标系内列出卫星运动的微分方程并求解，可以得出著名的开普勒轨道方程：

$$n(t-\tau) = E - e\sin E \qquad (5-5)$$

式中 τ——第六个积分常数，它给出了辅助参数 E 与时间 t 的函数关系。

由开普勒轨道方程可知，当 $t=\tau$ 时，$E=0$。顾及到轨道方程，可得 $r=a(1-e)$。说明此时卫星正位于近地点处，从而证明了 τ 是卫星过近地点的时刻。

令 $M=n(t-\tau)$，则 M 随着时间 t 以角速度 n 变化，故称 M 为平近点角。

至此，得到了轨道根数表示的六个积分常数 $(i，\tau，\omega，\Omega，a，e)$，若已知六个轨道根数，就可以唯一地确定卫星的运动状态。也就是说，已知六个轨道根数可以确定任意时刻的卫星位置及其运动速度。

课题3 卫星的受摄运动

由于受到多种非地球中心引力的影响，卫星的运行轨道实际上是偏离开普勒轨道的。对于 GPS 卫星来说，仅地球的非球性影响，在 3 小时的弧段上就可能使卫星的位置偏差达到 2km，而在 2 天弧段上可达 14km。显然，这种偏差对于任何用途的定位工作都是不容忽视的。为此，必须建立各种摄动力模型，对卫星的开普勒轨道加以修正，以满足精密定轨和定位的要求。

卫星在运行中，除主要受到地球中心引力的作用外，还将受到以下各种摄动力的影响，从而引起轨道的摄动。

1）地球体的非球性及其质量分布不均匀而引起的作用力，即地球的非中心引力。

2）太阳的引力和月球的引力。

3）太阳的直接和间接辐射压力。

4）大气阻力。

5）地球潮汐的作用力。

6）磁力等。

受日月引力的影响，地球会产生潮汐现象，这对卫星的运动也将产生影响，属于日月引力对卫星运动的一种间接影响。

一、地球引力场摄动力的影响

地球不仅其内部的质量分布不均匀，而且形状也不规则。现代大地测量学已经确定，地球的实际形状大体上接近于一个长短轴相差 21km 的椭球，但在北极仍高出椭球面约 19km，而在南极却凹下约 26km，如图 5-3 所示。一般地说，大地水准面与椭球面的高差均不超过 100m。地球引力位模型一般形式为：

$$V = \frac{GM}{r} + \Delta V \tag{5-6}$$

式中　　GM——引力常数和地球质量的乘积；

　　　　r——卫星至地心的距离；

　　　　ΔV——摄动位，其球谐函数展开式的一般形式为：

$$\Delta V = GM \sum_{n=2}^{n'} \frac{a^n}{r^{n+1}} \sum_{m=0}^{n} \mathrm{P}_{nm}(\sin\varphi)(C_{nm}\cos m\lambda + S_{nm}\sin m\lambda) \tag{5-7}$$

式中　　　　a——地球赤道半径；

　$\mathrm{P}_{nm}(\sin\varphi)$——$n$ 阶 m 次勒让德（Legendre）函数；

　C_{nm}，S_{nm}——球谐系数；

　　　　n'——预定的某一最高阶次；

　　λ，φ——观测站的经度和纬度。

由于 GPS 卫星的轨道较高，随着高度的增加，地球非球形引力的影响将迅速减小，所以，只要应用展开式的较少项数，便可以满足确定 GPS 卫星轨道的精度要求。地球引力场摄动位的影响，主要由与地球扁率有关的二阶球谐系数项所引起，它对卫星轨道的影响主要表现如下：

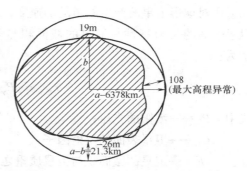

图 5-3　球体、地球椭球与大地水准面

1）引起轨道平面在空间的旋转。这一影响，使升交点沿地球赤道产生缓慢的推动，进而使升交点的赤经 Ω 产生周期性的变化。

2）引起近地点在轨道面内旋转。近地点变化，说明开普勒椭圆平面内定向改变，从而引起了卫星轨道近地点角距 ω 的缓慢变化。

3）引起平近点角 M_s 的变化。在地球引力场二阶带谐项的影响下，卫星轨道平近点角 M_s，的变率可估算为：

$$M_s = -\frac{3}{2}K(1 - e_s^2)^{\frac{1}{2}}(1 - 3\cos^2 i) \tag{5-8}$$

于是，相应历元 t 的平近点角可表示为：

$$M_s(t) = M_s(t_0) + M_s(t - t_0) + n(t - t_0) \tag{5-9}$$

二、日月引力的影响

日月引力对卫星轨道的影响，是由太阳和月亮的质量对卫星所产生的引力加速度而产生的。如果取 $m_日$、$m_月$ 分别表示日、月的质量，$r_日$、$r_月$ 为日、月的地心向径，而 r 为卫星的地心向径，则日月引力对卫星的摄动加速度可表示为：

$$m_日 + m_月 = Gm_日\left(\frac{r_日 - r}{|r_日 - r|^3} - \frac{r_日}{|r_日|^3}\right) + Gm_月\left(\frac{r_月 - r}{|r_月 - r|^3} - \frac{r_月}{|r_月|^3}\right) \tag{5-10}$$

日、月引力的量级约为 $5 \times 10^6 \mathrm{m/s}^2$，五天时弧段对卫星位置的影响可达 $1 \sim 3\mathrm{km}$，这就

意味着需要以 $10^{-4} \sim 10^{-5}$ 的相对精度确定这些引力，即精确至 $10^{-10} \mathrm{m/s^2}$，对于太阳、月亮的位置的计算应符合这一相对精度要求。

三、太阳辐射压力

卫星在运行中，除直接受到太阳光辐射压力的影响外，还将受到由地球反射的太阳光间接辐射压力的影响，如图5-4所示。

不过，间接辐射压对 GPS 卫星运动的影响较小，一般只有直接辐射压影响的 1% ~ 2%。太阳辐射压对球形卫星所产生的摄动加速度，既与卫星、太阳和地球之间的相对位置有关，也与卫星表面的反射特性、卫星的截面积与质量比有关，其间关系比较复杂，一般可近似表示为：

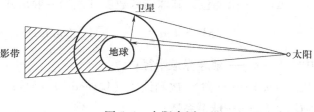

图 5-4　太阳光压

$$r_{光压} = \gamma P_{\gamma} C_{\gamma} \frac{F}{m_{s}} r_{日}^{2} \left[\frac{r - r_{日}}{|r - r_{日}|^{3}} \right] \tag{5-11}$$

式中　P_{γ}——太阳的光压；

　　　　C_{γ}——卫星表面的反射因子；

　　　　F——卫星的截面积与卫星质量之比；

　　　　$r_{日}$——太阳的地心向径；

　　　　γ——卫星被地球阴影区掩盖程度的参数，通常称为蚀因子，在阴影区 $\gamma = 0$，在阳光直接照射下 $\gamma = 1$，一般 $0 < \gamma < 1$。

太阳光压对 GPS 卫星产生的摄动加速度约为 $10^{-7} \mathrm{m/s^2}$ 量级，将使卫星轨道在3h的弧段上产生 5 ~ 10m 的偏差。所以，对于基线大于50km的精密相对定位而言，这一轨道偏差一般也是不能忽略的。

四、地球潮汐的影响

日月引力作用于地球，使之产生形变（固体潮）或质量移动（海潮），从而引起地球质量分布的变化，这一变化将引起地球引力的变化。可以将这种变化视为在不变的地球引力中附加一个小的摄动力——潮作用力。在五天的弧段中，潮汐作用力对 GPS 卫星位置的影响可达 1m。

五、大气阻力的影响

大气阻力对低轨道运行的卫星影响较大，但在 GPS 卫星的高度，大气阻力已微不足道，可以不予考虑。

综上所述，在人造地球卫星所受到的摄动力中，地球引力场摄动力最大，约为 10^{-3} 量级，其他摄动大多小于或近似于 10^{-6} 量级。这些摄动力引起卫星位置和轨道根数发生变化。

课题4 GPS卫星星历

卫星的星历是描述有关卫星运行轨道的信息，也可以说卫星星历就是一组相对某一参考历元的轨道参数及其变化率。有了卫星星历就可以计算出某观测时刻卫星的空间位置坐标及运行速度。GPS卫星星历分为广播星历（预报星历）和精密星历（后处理星历）。

一、广播星历（预报星历）

用户利用接收机接收GPS卫星发射的信号，经过解码便可以获得GPS卫星的导航电文，而导航电文的内容之一即为描述卫星运行轨道的信息的卫星广播星历（预报星历）。卫星广播星历，通常包括相对某一参考历元的开普勒轨道参数和必要的轨道摄动改正参数。

相应参考历元的卫星开普勒轨道参数，也称为参考星历。它是根据GPS地面监测站在一定时间内的观测资料推算得到的，可见参考星历只是代表卫星在参考历元的瞬时轨道参数。但是在摄动因素的影响下，卫星的实际运行轨道随后将偏离其参考轨道，偏离的程度主要取决于观测历元与所选参考历元间的时间间隔的长短。通常用轨道参数的摄动改正项来对已知的卫星参考星历加以改正，即在GPS卫星二体运动的基础上加入长期摄动改正项和周期摄动改正项，这就可以外推出任意观测历元的卫星星历，即卫星轨道预报星历。但是，如果观测历元与选参考历元间的时间间隔较长，必定会降低卫星轨道预报星历参数的精度。在实际应用中，为了保持卫星轨道预报星历参数的必要精度，通常采用限制轨道预报星历外推时间间隔的方法。

GPS卫星向用户提供的广播星历，共包括16个星历参数：有1个时间参数，即参考历元；有6个相应参考历元的开普勒轨道参数；有9个反映摄动力影响的参数。AODE表示从最后一次注入电文起外推星历时的外推时间间隔，它反映了外推星历的可靠程度。有关卫星实际轨道的描述如图5-5所示，根据图中的参数便可外推出观测时刻t的轨道参数，从而可计算卫星在不同参考系中的相应坐标。

GPS卫星向广大用户所播发的广播星历包括两种，它们分别是利用两种信号码进行传送的。一种是利用C/A码所传送的GPS卫星星历（简称为C/A码星历），C/A码星历的精度为20～40m，但是美国实施SA计划后，C/A码星历受到人为的干扰，其精度降低了很多，使得利用C/A码信号进行单点定位的精度从原来的几十米降低到近百米。另一种是利用P码所传送的GPS卫星星历（简称为P码星历），P码星历的精度为5m左右。前面已经述及，P码是专为军事服务的军用码，只有极少数的用户才能接

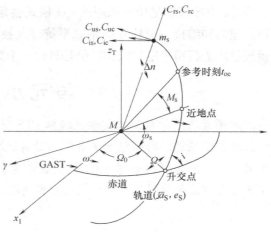

图5-5 预报星历参数的图示

收 P 码并能解译出精度较高的 P 码星历进行导航和测量定位。而目前绝大多数的商用接收机，都只能接收 C/A 码信号，利用精度较低的 C/A 码星历进行导航和测量定位。对于一些用户要进行高精度的 GPS 测量定位时，可以利用精密星历。

二、精密星历（后处理星历）

精密星历是一些国家的某些部门，根据各自建立的跟踪站对 GPS 卫星进行观测所获得的精密观测资料，应用与确定广播星历相似的方法计算出卫星星历。由于精密星历是用户在进行测量定位时间内的实测卫星星历，避免了预报星历的外推误差，所以其精度很高，可以达到分米级。

精密星历通常是在事后向用户提供的，用户只能在测量定位以后进行数据处理，获得精密的测量定位结果，所以精密星历又被称为后处理星历。

精密星历通常是利用存储介质或其他通信方式有偿地为所需要的用户提供服务，所需要的用户可以向有关部门提前进行预订。国际 GNSS 服务（简称 IGS）精密星历采用 sp3 格式，其存储方式为 ASCII 文本文件，内容包括表头信息以及文件体，文件体中每隔 15min 给出 1 个卫星的位置，有时还给出卫星的速度。它的特点就是提供卫星精确的轨道位置，采样率为 15min，实际解算中可以进行精密钟差的估计或内插，以提高其可使用的历元数。以 igr 开头的星历文件为快速精密星历文件，以 igu 开头的星历文件为超快速精密星历文件。三种精密星历文件的时延、精度、历元间隔等各不相同，在实际工作中，根据工程项目对时间及精度的要求，选取不同的 sp3 文件类型。三种精密星历的有关指标见表 5-1。

表 5-1　精密星历的指标

名　称	时延	更新率	采样率	精度
事后精密星历	约 11 天	每周	15min	<5cm
快速精密星历	17h	每天	15min	<5cm
预报精密星历	实时	12h	15min	约 25cm

当然，IGS 精密星历所采用的 sp3 格式会定期把这些数据存放在网站的 FTP 服务器上。但是，建立和维持一个独立的跟踪系统，其技术比较复杂，投资也较大，所以，利用 GPS 的预报星历进行精密定位工作，仍是目前一个重要的研究和开发领域。

单元小结

本单元的教学目的是使学生理解 GPS 卫星坐标的获取途径，为进一步理解 GPS 定位原理打下基础。内容包括卫星的无摄运动和卫星轨道描述、卫星的受摄运动、GPS 卫星星历。要求读者结合单元三中导航电文的学习，能够在今后的 GPS 测量工作中当 GPS 卫星的信号出现故障时，找出故障所在。

单元 **6**　GPS 卫星定位基本原理

【单元概述】

　　GPS 的观测量和观测方程是进行数据处理、获取定位结果的重要依据。本单元在前面预备知识的基础上，进一步介绍 GPS 定位方法分类与观测量，GPS 动态绝对定位与静态绝对定位原理，GPS 动态相对定位与静态相对定位原理以及差分定位原理。

【学习目标】

　　能正确陈述 GPS 定位基本类型、GPS 绝对定位、相对定位及差分定位的基本理论，为 GPS 设备选取、GPS 作业及数据平差处理等工作打下理论基础。

课题 1　GPS 定位原理概述

　　在我国，GPS 定位技术的应用已深入到各个领域，因而在大地测量和工程测量应用中显示出巨大的潜力和广阔的前景。GPS 定位的方式分为静态定位和动态定位。定位的方法一般有四种：卫星射电干涉测量法、多普勒法、伪距法、载波相位测量法。目前，在测量工程中应用的主要方法是静态定位中的伪距法和载波相位测量法，采用这两种方法可以获得高精度的定位成果。

　　利用 GPS 进行定位，就是把卫星视为"动态"的控制点，在已知其瞬时位置的条件下，以 GPS 卫星和用户接收机天线之间的距离（或距离差）为观测量，进行空间距离后方交会，从而确定用户接收机天线所处的位置。

　　利用 GPS 进行定位有多种方式，如果就用户接收机天线所处的状态而言，定位方式分为静态定位和动态定位；若按参考点位置的不同，又可分为单点定位和相对定位。

一、静态定位与动态定位

　　静态定位是指 GPS 接收机在进行定位时，待定点的位置相对其周围的点位没有发生变化，其天线位置处于固定不动的静止状态。此时，接收机可以连续地在不同历元同步观测不同的卫星，获得充分的多余观测量，根据 GPS 卫星的已知瞬时位置，解算出接收机天线相位中心的三维坐标。由于接收机的位置固定不动，就可以进行大量的重复观测，所以静态定位可靠性强，定位精度高，在大地测量、工程测量中得到了广泛的应用，是精密定位中的基本模式。

准静态定位是指静止不动只是相对的。在卫星大地测量学中，在两次观测之间才能反映出发生的变化。

动态定位是指在定位过程中，接收机位于运动着的载体，天线也处于运动状态的定位。动态定位是用 GPS 信号实时地测得运动载体的位置。如果按照接收机载体的运动速度，还可将动态定位分为低动态（几十米/秒）、中等动态（几百米/秒）、高动态（几千米/秒）三种形式。其特点是测定一个动点的实时位置，多余观测量少、定位精度低。目前，导航型的 GPS 接收机可以说是一种广义的动态定位，它除了要求测定动点的实时位置外，一般还要求测定运动载体的状态参数，如速度、时间和方位等。

二、单点定位和相对定位

GPS 单点定位也叫绝对定位，就是采用一台接收机进行定位的模式，它所确定的是接收机天线在 WGS—84 世界大地坐标系中的绝对位置，所以单点定位的结果也属于该坐标系统。

GPS 单点定位的实质，即是空间距离后方交会。对此，在一个测站上观测 3 颗卫星获取 3 个独立的距离观测量就够了。但是由于 GPS 采用了单程测距原理，此时卫星钟与用户接收机钟不能保持同步，所以，实际的观测距离均含有卫星钟和接收机钟不同步的误差影响，习惯上称为伪距。其中卫星钟差可以用卫星电文中的钟差参数加以修正，而接收机的钟差只能作为一个未知参数，与测站的坐标在数据的处理中一并求解。因此，在一个测站上为了求解出 4 个未知参数（3 个点位坐标分量和 1 个钟差系数），至少需要 4 个同步伪距观测值，也就是说，至少必须同步观测 4 颗卫星。

单点定位的优点是只需要一台接收机即可独立定位，外业观测的组织及实施较为方便，数据处理也较为简单。其缺点是定位精度较低，受卫星轨道误差、钟同步误差及信号传播误差等因素的影响，精度只能达到米级。所以该定位模式不能满足大地测量精密定位的要求，但它在地质矿产勘查等低精度的测量领域，仍然有着广泛的应用前景。

相对定位又称为差分定位，是采用两台以上的接收机（含两台）同步观测相同的 GPS 卫星，以确定接收机天线之间的相互位置关系的一种方法。其最基本的情况是用两台接收机分别安置在基线的两端，同步观测相同的 GPS 卫星，确定基线端点在世界大地坐标系中的相对位置或坐标差（基线向量），在一个端点坐标已知的情况下，用基线向量推求另一待定点的坐标。相对定位可以推广到多台接收机安置在若干条基线的端点，通过同步观测 GPS 卫星确定多条基线向量。

由于同步观测值之间有着多种误差，其影响是相同的或大体相同的，这些误差在相对定位过程中可以得到消除或减弱，从而使相对定位获得极高的精度。当然，相对定位时需要多台（至少两台以上）接收机进行同步观测，故增加了外业观测组织和实施的难度。

在单点定位和相对定位中，又都可能包括静态定位和动态定位两种方式。其中静态相对定位一般均采用载波相位观测值为基本观测量。这种定位方法是当前 GPS 测量定位中精度最高的一种方法，在大地测量、精密工程测量、地球动力学研究和精密导航等精度要求较高的测量工作中被普遍采用。

三、GPS 定位的基本方法

前面已经述及的静态定位或动态定位，所依据的观测量都是所测卫星至接收机天线的伪距。但是，伪距的基本观测量又分为码相位观测量（简称测码伪距）和载波相位观测（简称测相伪距）。这样，根据 GPS 信号的不同观测量，可以区分为四种定位方法。

（1）卫星射电干涉测量　以银河系以外的类星体作为射电源的甚长干涉测量（VLBI），具有精度高和基线长度几乎不受限制等优点。因类星体离人类十分遥远，射电信号十分微弱，因而必须采用笨重、昂贵的大口径抛物面天线、高精度的原子钟和高质量的记录设备。由于所需的设备比较昂贵，数据处理较为复杂，从而限制了该技术的应用。GPS 卫星的信号强度比类星体的信号强度大 10 万倍，利用 GPS 卫星射电信号具有白噪声的特性，由两个测站同时观测一颗 GPS 卫星，通过测量这颗卫星的射电信号到达两个测站的时间差，可以求得站间距离。由于在进行干涉测量时，只把 GPS 卫星信号当做噪声信号来使用，因而无需了解信号的结构，所以这种方法对于无法获得 P 码的用户是很有吸引力的。其模型与在接收机间求一次差的载波相位测量定位模型十分相似。

（2）多普勒定位法　多普勒效应是 1942 年奥地利物理学家多普勒首先发现的。它的具体内容是：当波源与观测者做相对运动时，观测者接收到的信号频率与波源发射的信号频率不相同。这种由于波源相对于观测者运动而引起的信号频率移动称为多普勒频移，其现象称为多普勒效应。根据多普勒效应原理，利用 GPS 卫星较高的射电频率，由积分多普勒计数得出伪距差。当采用积分多普勒计数法进行测量时，所需观测时间一般较长，同时，在观测过程中接收机的振荡器要求保持高度稳定。

（3）伪距定位法　伪距定位法是利用全球卫星定位系统进行导航定位的最基本的方法，其基本原理是：在某一瞬间利用 GPS 接收机同时测定至少四颗卫星的伪距，根据已知的卫星位置和伪距观测量，采用距离交会法求出接收机的三维坐标和时钟改正数。伪距定位法定一次位的精度并不高，但定位速度快，经几小时的定位也可达米级的精度，若再增加观测时间，精度还可提高。

（4）载波相位测量　载波信号的波长很短，L_1 载波信号波长为 19cm，L_2 载波信号波长为 24.4cm。若把载波作为量测信号，对载波进行相位测量可以达到很高的精度。通过测量载波的相位而求得接收机到 GPS 卫星的距离，是目前大地测量和工程测量中的主要测量方法。

这里所述及的接收机位置实际是指接收机天线相位中心的位置，为了方便，有时简称为测站位置。

课题2 载波相位测量

全球定位系统的基本测距方法是利用测距码进行伪距测量。测码伪距以测距码作为量测信号，因测距码的波长较长，难以达到较高的精度。而载波相位测量不使用测距码信号，不受测距码控制，属于非测距码信号。载波信号的波长很短，其中 L_1 信号的波长为19cm，L_2 信号的波长为24cm。所以把载波作为量测信号，对载波进行相位测量就可以达到很高的精度，目前的测地型接收机载波相位测量精度一般为 $1\sim2$mm，有的精度更高。但载波信号是一种周期性的正弦信号，相位测量只能测定其不足一个波长的小数部分，无法测定其整波长个数，因而存在着整周数的不确定性问题，使得解算过程复杂化。

载波相位观测是通过测量GPS卫星发射的载波信号从GPS卫星发射到GPS接收机的传播路程上的相位变化 $\Delta\Phi$，从而确定传播距离 ρ。

$$\rho = \lambda\Delta\Phi \tag{6-1}$$

式中　$\Delta\Phi$——载波信号传播过程中的相位变化，以周为单位；

　　　λ——载波波长。

在实际应用中，这种相位变化量无法直接测定，为此采用如下方法测得：假定卫星钟和接收机钟无钟误差，卫星 S^j 在某一时刻 t 发射载波信号，其相位为 φ^j，与此同时接收机内振荡器复制一个与发射载波的初相和频率完全相同的参考载波。经过 Δt 时间发射的卫星载波信号被接收机收到，而此时的接收机参考载波信号已经发生了相位变化，其相位为 φ_i。GPS接收机通过对此时的接收信号与参考信号进行比相，从而获得发射载波信号从卫星到接收机的相位变化或相位延迟，测量过程如图6-1所示。

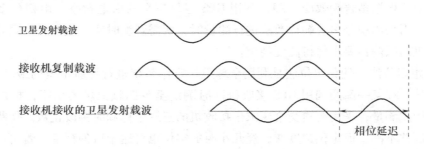

卫星发射载波

接收机复制载波

接收机接收的卫星发射载波

相位延迟

图6-1　载波相位测量

接收机此时观测卫星 S^j 的相位观测量可写为：

$$\Delta\Phi = \varphi_i - \varphi^j \tag{6-2}$$

与码相位观测一样，通过上述方法也不能准确地测定站星之间的几何距离，因为卫星钟和接收机钟存在钟误差，且载波信号要穿过电离层和对流层才能到达接收机，必然受到大气层的影响。这种通过载波信号变化而测得的星站之间的实际距离观测量称为测码伪距观测量。因此，测相伪距观测量 $\lambda\Delta\Phi$ 与星站的几何距离 ρ 之间存在着如下关系：

$$\lambda\Delta\Phi = \rho + c\delta t_k - c\delta t^j + \delta\rho_1 + \delta\rho_2 \tag{6-3}$$

式中　δt_k——接收机钟时间相对于 GPS 标准时的钟差，$t_k = t_k$（GPS）$+ \delta t_k$；

　　　δt^j——卫星（S^j）钟时间相对于 GPS 标准时的钟差，$t^j = t^j$（GPS）$+ \delta t^j$；

$\delta \rho_1$、$\delta \rho_2$——电离层和对流层对载波信号传播的延迟。

根据简谐波的物理特性，上述的载波相位观测量 $\Delta \Phi$ 可以看成整周部分 N 和不足一周的小数部分 $\delta \varphi$ 之和，即有：

$$\Delta \Phi = N + \delta \varphi \tag{6-4}$$

实际上，在进行载波相位测量时，接收机只能测定不足一周的小数部分 $\delta \varphi_i^j(t_i)$。因为载波信号是一单纯的正弦波，不带有任何标志，所以无法确定正在量测的是第几个整周的小数部分，于是便出现了一个整周未知数 N，或称整周模糊度。如何快速而正确地求解整周模糊度是 GPS 测相伪距观测中要研究的一个关键问题。

当接收机锁定（跟踪）到某卫星信号后，在初始观测历元 t_0，相位观测量为：

$$\Delta \Phi(t_0) = N(t_0) + \delta \varphi(t_0) \tag{6-5}$$

卫星信号在历元 t_0 被跟踪后，载波相位变化的整周数便被接收机多普勒计数器自动计数。只要卫星不失锁，整周计数就是连续的。所以对其后的任一历元的总相位变化，可用下式表达：

$$\Delta \Phi(t_i) = N(t_0) + N(t_i - t_0) + \delta \varphi(t_i) \tag{6-6}$$

式中　$N(t_0)$　——初始历元的整周未知数，在卫星信号被锁定后就确定不变，是一个未知常数，是通常意义上所说的整周待定值（整周未知数）；

　$N(t_i - t_0)$——从初始历元 t_0 到后续观测历元 t_i 之间载波相位变化的整周数，可由接收机自动连续计数来确定，是一个已知量，又叫整周计数；

　　$\delta \varphi(t_i)$　——后续观测历元 t_i 时刻不足一周的小数部分相位，可由接收机测定。

上述载波相位观测量的几何意义如图 6-2 所示。

若取

$$\varphi(t_i) = N(t_i - t_0) + \delta \varphi(t_i) \tag{6-7}$$

则 $\varphi_i^j(t_i)$ 是载波相位的实际观测量，即用户 GPS 接收机相位观测输出值。

因此，式（6-6）可写为：

$$\Delta \Phi(t_i) = N(t_0) + \varphi(t_i) \tag{6-8}$$

将式（6-6）代入式（6-3），可得：

$$\lambda \varphi(t_i) = \rho - \lambda N(t_0) + c\delta t_k - c\delta t^j + \delta \rho_1 + \delta \rho_2 \tag{6-9}$$

此式即为载波相位观测方程。

值得注意的是，为了简明起见，式（6-9）中的电离层延迟与式（6-3）中的电离层延迟以相同符号表示。虽然两者的表示形式相同，但因载波信号在电离层中以相速传播，而测距码信号则以群速传播，故载波相位观测的电离层延迟与码相位观测的电离层延迟并不相等。由前述相关知识可知，载波相位观测的电离层延迟与码相位观测的电离层延迟数值相等，符号相反。

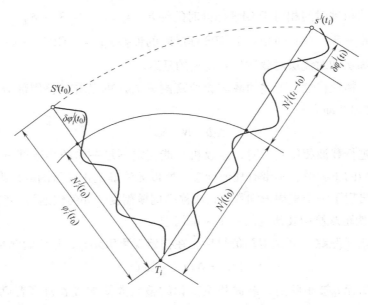

图 6-2　载波相位观测量

课题 3　GPS 静态定位

目前 GPS 定位分为绝对定位与相对定位两种类型。

GPS 绝对定位也称为单点定位，即利用 GPS 卫星和用户接收机之间的距离观测值直接确定用户接收机天线在 WGS—84 坐标系中相对于坐标系原点（地球质心）的绝对位置，对于静态绝对定位，因受到卫星轨道误差、钟差以及信号传播误差等因素的影响，其精度约为米级。这一精度只能用于一般的导航定位中，远远不能满足大地测量精密定位的要求。

GPS 相对定位也叫差分定位，是至少用两台 GPS 接收机，同步观测相同的 GPS 卫星，确定两台接收机天线之间的相对位置（坐标差）。它是目前 GPS 定位中精度最高的一种定位方法，广泛应用于大地测量、精密工程测量、地球动力学的研究和精密导航。

一、静态绝对定位

接收机天线处于静止状态下，确定观测站坐标的方法，称为静态绝对定位。这时，接收机可以连续地在不同历元同步观测不同的卫星，测定卫星至观测站的伪距，获得充分的观测量，通过测后数据处理求得测站的绝对坐标。根据测定的距离测量原理不同，静态绝对定位又可分为测码伪距静态绝对定位和测相伪距静态绝对定位。

1. 测码伪距静态绝对定位法

由测码伪距动态绝对定位原理中分析，在一段时间内，若 GPS 接收机在测站 T_i 在某个历元 t 同步观测 4 颗以上卫星，则可得：

$$V(t) = A(t)X + L(t) \ominus \tag{6-10}$$

上述误差方程仅考虑了 GPS 接收机在某历元 t 同时观测 n^j（$j = 1, 2, 3, 4, \cdots, n$）颗卫星的情况。在此基础上，由于讨论的是静态绝对定位，测站上的接收机处于静止状态，可以于不同历元多次同步观测一组卫星，由此可以获得更多的测码伪距观测量，通过平差提高定位精度。

于是，以 n^j 表示观测卫星的个数，n_t 表示观测的历元次数，则在忽略测站接收机钟钟差随时间变化的情况下，由式（6-10）进一步考虑 n_t 个历元数而写成相应的误差方程组：

$$V = AX + L \tag{6-11}$$

按照最小二乘法求解可得：

$$X = -(A^{\mathrm{T}}A)^{-1}A^{\mathrm{T}}L \tag{6-12}$$

解的精度仍可用相应的公式评定。

应当说明的是，如果观测时间较长，在不同历元，观测的卫星数一般可能不同，在组成上列系数阵时应予注意。同时，GPS 接收机钟差的变化，往往是不可忽略的。此时，可根据具体情况，或者将钟差表示为多项式的形式，并将系数作为未知数，在平差中一并求解；或者针对不同观测历元，简单地引入不同的独立的钟差参数。关于待求未知数，在前一种情况下应为 $3 + n_c$，后一种情况下应为 $3 + n_t$，其中 n_c 为钟差模型的系数个数，n_t 为观测的历元数。测相伪距观测量应该多于待定未知数的个数。

这种多卫星多历元的定位方法，在静态单点定位中应用较广，它可以比较精确地测定静止观测站在 WGS—84 坐标中的绝对坐标。

2. 测相伪距静态绝对定位法

由测相伪距动态绝对定位原理中分析，若 GPS 接收机在测站 T_i 于某个历元 t 同步观测 n^j（$j = 1, 2, 3, 4, \cdots, n$）颗以上卫星，则可得误差方程：

$$V(t) = A(t)X + B(t)\delta T(t) + C(t)N + L(t) \tag{6-13}$$

如果在起始历元 t_0 卫星 S^j 被锁定后没有发生失锁现象，则对卫星 S^j 来说，整周未知数 $N^j(t_0)$ 是一个只与该起始历元 t_0 有关的常数。

上面描述的是，在测站 T_i 于某一历元 t 观测 n^j 颗卫星所得到的误差方程。由于测站是静止的，于一段时间内对这组卫星观测了 n_t 个历元，则按照式（6-13），可写出相应于多个历元多颗卫星的误差方程组：

$$V = AX + B\delta T + CN + L \tag{6-14}$$

取符号

$$G = [A \quad B \quad C]$$

$$Y = [X \quad \delta T \quad N]^{\mathrm{T}}$$

则按最小二乘法求解，可得：

$$Y = -[G^{\mathrm{T}}G]^{-1}G^{\mathrm{T}}L \tag{6-15}$$

解的精度可按下式估算：

$\ominus$　对于这一单元的理论知识，仅作简单的矩阵推导，有兴趣的读者可自行参考相关资料学习。

$$m_Y = \sigma_0 \sqrt{q_{ii}} \tag{6-16}$$

式中　q_{ii}——权系数阵 $\boldsymbol{Q}_z$ 主对角线的相应元素，$\boldsymbol{Q}_z = (\boldsymbol{G}^{\mathrm{T}}\boldsymbol{G})^{-1}$。

　　这里必须说明，如果静态观测时间段较长，在这段时间里，在不同历元观测的卫星数可能不同，在组成平差模型时应予注意。另外，整周未知数 N^j（t_0）与所观测的卫星有关，故在不同的历元观测的卫星不同时，将增加新的未知参数，这会导致数据处理变得更加复杂，而且有可能会降低解的精度。因此，在一个观测站的观测过程中，于不同的历元尽可能地观测同一组卫星。

　　静态观测站 T_i 在定位观测时，观测 n^j 颗卫星，观测 n_t 个历元，可得到 $n^j \times n_t$ 个测相伪距观测量。待解的未知数包括：测站的三个坐标分量，n_t 个接收机钟差，与所测卫星数相等的 n^j 个整周未知数。因此，为了能解求出所有未知数，则观测方程的总数必须满足：

$$n^j n_t \geqslant 3 + n_t + n^j$$

即：

$$n_t \geqslant \frac{3 + n^j}{n^j - 1} \tag{6-17}$$

　　由上式可见，应用测相伪距法进行静态绝对定位时，由于存在整周不确定性的问题，在同样观测 4 颗卫星的情况下，至少必须同步观测 3 个历元，这样才能解求出测站的坐标值。

　　在定位精度不高，观测时间较短的情况下，可以把 GPS 接收机的钟差视为常数。这时式（6-17）可表示为：

$$n_t \geqslant \frac{4 + n^j}{n^j} \tag{6-18}$$

　　可见，在同时观测 4 颗卫星的情况下，至少必须同步观测 2 个历元。

　　由于载波相位观测量的精度很高，所以有可能获得较高的定位精度。但是影响定位精度的因素还有卫星轨道误差和大气折射误差等，只有当卫星轨道的精度相当高，同时又能对观测量中所含的电离层和对流层误差影响加以必要的修正，才能更好地发挥测相伪距静态绝对定位的潜力。

　　测相伪距静态绝对定位主要用于大地测量中的单点定位工作，或者为相对定位的基准站提供较为精密的初始坐标值。

二、静态相对定位

　　静态相对定位是用两台接收机分别安置在基线的两端，同步观测相同的 GPS 卫星，以确定基线端点的相对位置或基线向量。同样，多台接收机安置在若干条基线的端点，通过同步观测 GPS 卫星可以确定多条基线向量。在一个端点坐标已知的情况下，可以用基线向量推求另一待定点的坐标。

　　静态相对定位一般均采用测相伪距观测值作为基本观测量。测相伪距静态相对定位是当前 GPS 定位中精度最高的一种方法。在测相伪距观测的数据处理中，为了可靠地确定载波相位的整周未知数，静态相对定位一般需要较长的观测时间（1.0～3.0h），称为经典静态相对定位。

　　可见，经典静态相对定位方法的测量效率较低，如何缩短观测时间，提高作业效率，便成为广大 GPS 用户普遍关注的问题。理论与实践证明，在测相伪距观测中，首要问题是如何快速而精确地确定整周未知数。在整周未知数确定的情况下，随着观测时间的延长，相对定位的精度不会显著提高。因此提高定位效率的关键是快速而可靠地确定整周未知数。

为此，美国的 Remondi, B. W 提出了快速相对定位方法。其基本思路是先利用起始基线确定初始整周模糊度（初始化），再利用一台 GPS 接收机在基准站 T_0 静止不动地对一组卫星进行连续观测，而另一台接收机在基准站附近的多个站点 T_i 上流动，每到一个站点则停下来进行静态观测，以便确定流动站与基准站之间的相对位置，这种"走走停停"的方法又称为准动态相对定位。其观测效率比经典静态相对定位方法要高，但是流动站的 GPS 接收机必须保持对观测卫星的连续跟踪，一旦发生失锁，便需要重新进行初始化工作。

这里将讨论静态相对定位的基本原理。

假设安置在基线端点的 GPS 接收机 T_i（$i=1$，2），相对于卫星 S^j 和 S^k，于历元 t_i（$i=1$，2）进行同步观测（图 6-3），则可获得以下独立的载波相位观测量：

$$\varphi_1^j(t_1), \varphi_1^j(t_2), \varphi_1^k(t_1), \varphi_1^k(t_2), \varphi_2^j(t_1), \varphi_2^j(t_2), \varphi_2^k(t_1), \varphi_2^k(t_2)$$

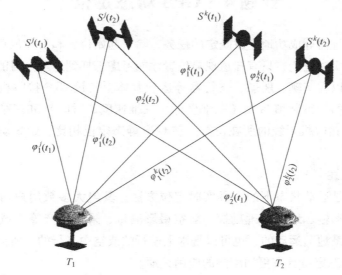

图 6-3　GPS 相对定位观测量

在静态相对定位中，利用这些观测量的不同组合求差进行相对定位，可以有效地消除或减弱这些观测量中包含的相关误差的影响，提高相对定位精度。

目前的求差方式有三种：单差、双差和三差。定义如下：

1）单差（Single Difference）：可在不同卫星间、不同历元间求差或者不同观测站取观测量之差，所得求差结果被当做虚拟观测值。常用的单差是不同接收机间求单差：

$$SD_{12}^j(t) = \varphi_2^j(t) - \varphi_1^j(t) \tag{6-19}$$

相对定位中，单差是观测量的最基本线性组合形式。单差观测值中可以消除载波相位的卫星钟差项。

2）双差（Double Difference）：对单差观测值继续求差，所得求差结果仍可当做虚拟观测值。常用双差观测值是不同观测站间求单差观测值，再在卫星间求二次差：

$$DD_{12}^{kj}(t) = SD_{12}^{j}(t) - SD_{12}^{k}(t)$$ (6-20)

$$= \left[\varphi_2^j(t) - \varphi_1^j(t)\right] - \left[\varphi_2^k(t) - \varphi_1^k(t)\right]$$

双差观测值可以消除载波相位的接收机钟差项。

3）三差（Triple Difference）：对双差观测值继续求差。常用的三差观测值是对不同观测站单差值求取卫星间双差后，再在不同历元间求三次差：

$$TD_{12}^{kj}(t) = DD_{12}^{kj}(t_2) - DD_{12}^{kj}(t_1)$$ (6-21)

三差观测值可以消除与卫星和接收机有关的初始整周模糊度 $N(t_0)$。

上述各种差分观测值能够有效地消除各种偏差项，因而差分观测值模型是 GPS 测量应用中广泛采用的平差模型，特别是双差观测值（即星站二次差分模型，见式（6-20））更是大多数 GPS 基线向量处理软件包必选的模型。

课题 4　GPS 动态定位

要使船舶、飞行器等成功地完成既定的任务，除了起始位置和目标位置之外，还必须要知道航行体所处的实时位置，只有知道现势位置才能考虑怎样到达下一目的地的问题。为了解决这个问题，可以在车辆、船舶、飞行器等运动载体上安设 GPS 接收机，全天候和全球性地测量运动载体的七维装填参数（三维坐标、三维速度、时间）和三维姿态参数，实时地测得载体上 GPS 接收机天线的所在位置。和 GPS 静态定位相比，GPS 动态定位有着如下的一些特点。

1. 用户的广泛性

GPS 动态定位是运动状态下的一种实时定位方法，其绝大多数用户均在陆海空军事领域。同时，在交通运输、地球物理勘探、航空摄影测量、采矿生产等领域中也有广泛的应用。运动载体可以是地面运动的，也可以是水上航行的或空中飞行的。所以，它的用户具有广泛性，比 GPS 静态定位具有更加广阔的应用天地。

2. 定位的实时性

在静态定位中，用户天线相对于地球是固定不动的；而动态定位，用户天线将随着运动载体不停地运动，特别是对于高动态定位，要求以极短的时间（如亚秒级）采集一个点的实时定位数据，适时地处理定位数据，及时地给出定位成果。所以，动态定位具有强烈和紧迫的实时性。

3. 速度的多异性

GPS 动态定位时的载体是多种多样的，这些载体的速度从每秒几米到每秒几千米。因此，GPS 动态定位分为低、中、高三种定位形式：低动态定位，载体的速度每秒几米至几十米；中等动态定位，载体的运动速度每秒几百米；高动态定位，载体的运动速度在每秒 1km 以上。

由上述情况可知，动态定位显著区别于静态定位。在用户天线以每秒几米到几千米的速度相对地球运动的情况下，需要用 GPS 信号测定它们的七维状态参数：三维坐标、三维速度、时间。

一、动态绝对定位

在 GPS 动态定位中，根据采用的距离观测原理的不同，可以分为测码伪距动态绝对定位和测相伪距动态绝对定位。

1. 测码伪距动态绝对定位法

为了推导方便，取：

$$R' = \rho' - \delta\rho_1 - \delta\rho_2 \tag{6-22}$$

则测码伪距观测方程可写为：

$$R' = \rho_0 + \begin{bmatrix} -l & -m & -n \end{bmatrix} \begin{pmatrix} \delta x \\ \delta y \\ \delta z \end{pmatrix} + c\delta t_k \tag{6-23}$$

式中的电离层和对流层延迟改正数可从卫星发射的导航电文中获得，而卫星 S^j 在地球协议坐标系中的坐标也可从卫星星历中得到。

显然，式（6-23）中在某个历元 t 只有测站 T_i 在协议地球坐标系中的坐标向量（x, y, z）和接收机钟的钟差 δt_k 这 4 个未知参数，正是需要求解的。为此，至少需要建立 4 个类似的方程。所以，用户至少需要同步观测 4 颗卫星以便获得 4 个以上测码伪距观测方程。

在动态绝对定位的情况下，由于测站是运动的，所以获得的伪距观测量很少。但为了获得实时定位结果，必须至少同步观测 4 颗卫星。其误差方程为：

$$V = AX + L \tag{6-24}$$

当同时跟踪卫星数刚好为 4 颗（即 $n = 4$）时，无多余观测量，此时式（6-24）中

$$AX + L = 0 \tag{6-25}$$

直接解此方程组得唯一定位解：

$$X = -A^{-1}L \tag{6-26}$$

很明显，当同时观测卫星数多于 4 颗时，则观测量的个数超过待求参数的个数，此时要利用最小二乘法平差求解误差方程（6-22），得：

$$X = -(A^T A)^{-1} A^T L \tag{6-27}$$

解的精度为：

$$m_X = \sigma_0 \sqrt{q_{ii}} \tag{6-28}$$

式中 m_X——解的中误差；

σ_0——伪距测量中误差；

q_{ii}——权系数阵 Q_z 主对角线的相应元素，$Q_z = (A_i^T A_i)^{-1}$。

上述测码伪距绝对定位模型已被广泛应用于实时动态单点定位。因为通过卫星星历中获得的卫星瞬时坐标是 WGS—84 坐标，因此解求得到的接收机位置坐标也是 WGS—84 坐标系

中的坐标。

实际应用中，有时给定的近似坐标偏差较大，而且线性化过程中略去二次及二次以上项对平差结果也有影响，在解算过程中往往一次平差不能达到理想的解算结果，因此常常采用迭代法。

顺便要指出，这里在解算载体位置时，不是直接求出它的三维坐标，而是求各个坐标分量的修正分量，也就是给定用户的三维坐标初始值，而求解三维坐标的改正数。在解算运动载体的实时点位时，前一个点的点位坐标可作为后续点位的初始坐标值。

2. 测相伪距动态绝对定位法

令

$$R' = \lambda \varphi(t) - \delta\rho_1 - \delta\rho_2 \tag{6-29}$$

则测相伪距观测方程可写为

$$R' = \rho_0 + \begin{bmatrix} -l & -m & -n \end{bmatrix} \begin{pmatrix} \delta x \\ \delta y \\ \delta z \end{pmatrix} - \lambda N(t_0) + c\delta t_k \tag{6-30}$$

由于测相伪距法中引入了另外的未知参数——整周未知数，因此，若和测码伪距法一样，观测 4 颗卫星无法解算出测站的三维坐标。

假设 GPS 接收机在测站 T_i 于某一历元 t 同步观测 n^j（$j = 1，2，3，4，…，n$）颗以上卫星，则由式（6-30）可得误差方程组为：

$$V = AX + B\delta T + CN + L \tag{6-31}$$

可见，误差方程中的未知参数有：三个测站点坐标，一个接收机钟差，n 个整周未知数。这样误差方程中总未知参数为 $4 + n$ 个，而观测方程的总数只有 n 个，如此则不可能实时求解。

如果在载体运动之前，GPS 接收机在 t_0 时刻锁定卫星 S^j 后，保持载体静止，求出整周模糊度 $N^j(t_0)$（$j = 1，2，3，4，…，n$）。据前述分析，只要在初始历元 t_0 之后的后续时间里没有发生卫星失锁现象，它们仍然是只与初始历元 t_0 有关的常数，在载体运动过程中当成常数来处理。

则式（6-31）可写为：

$$V = AX + L \tag{6-32}$$

这样，就与式（6-22）在形式上完全一致。此时，同步观测 4 颗以上卫星，就可得到式（6-24）是完全一样的实时解，只是解方程过程中采用的是测相伪距观测值，因此定位解的精度较之测码伪距法要高。

值得注意的是，采用测相伪距动态绝对定位时，载体上的 GPS 接收机在运动之前必须初始化，而且运动过程中不能发生信号失锁，否则就无法实现实时定位。然而载体在运动过程中，要始终保持对所观测卫星的连续跟踪，目前在技术上尚有一定困难，一旦发生周跳，则须在动态条件下重新初始化。因此，在实时动态绝对定位中，寻找快速确定动态整周模糊度的方法是非常关键的问题。

二、动态相对定位

如前所述，动态相对定位是将一台接收机安置在一个固定的观测站（或称基准站）上，而另一台接收机安置在运动的载体上，并保持在运动中与基准站的接收机进行同步观测相同卫星，以确定运动载体相对基准站的瞬时位置。

按照所采取的观测量性质的不同，动态相对定位可分为测码伪距动态相对定位和测相伪距动态相对定位。目前测码伪距动态相对定位的实时定位精度可达米级。测相伪距动态相对定位是以预先初始化或动态解算载波相位整周未知数为基础的一种高精度动态相对定位法，目前在较小范围内（如 20km）的定位精度可达 $1 \sim 2cm$。

按照数据处理的方式不同，动态相对定位通常又可分为实时处理和测后处理。实时处理就是在观测过程中实时地获得定位结果，无需存储观测数据，但是流动站和基准站之间必须实时地传输观测数据。这种处理方式主要用于需要实时获取定位数据的导航、监测等工作。测后处理则是在观测工作结束后，通过数据处理而获得定位的结果。这种处理方法可对观测数据进行详细的分析，易于发现粗差，也不需要实时地传输数据，但需要存储观测数据。这种处理方式主要用于基线较长，不需实时获得定位结果的测量工作。

下面分别对测码伪距动态相对定位和测相伪距动态相对定位作简单介绍。

1. 测码伪距动态相对定位

如图 6-4 所示，假设地面观测站 T_1 为基准站，安置其上的接收机固定不动。而另一台接收机安置在运动载体上，其位置 $T_i(t)$ 是时间的函数，这是动态相对定位与静态相对定位的根本区别。因此，动态相对定位与静态相对定位一样，也可以通过求差有效地消除或减弱卫星轨道误差、钟差、大气折射误差等的影响，从而明显提高定位精度。

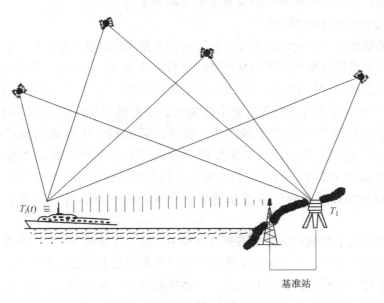

图 6-4　动态相对定位示意图

流动站 $T_i(t)$ 的测码伪距观测方程为：

$$\rho'^j_i(t) = \rho^j_i(t) + c\delta t_i(t) - c\delta t^j(t) + \delta\rho^j_{1i}(t) + \delta\rho^j_{2i}(t) \tag{6-33}$$

将流动站与基准站 T_1 的同步测码伪距观测量求差，可得单差模型：

$$\Delta\rho'^j(t) = -\begin{bmatrix} l^j_i(t) & m^j_i(t) & n^j_i(t) \end{bmatrix}\begin{pmatrix} \delta x_i \\ \delta y_i \\ \delta z_i \end{pmatrix} + c\Delta t(t) + \begin{bmatrix} \rho^j_{i0}(t) - \rho^j_1(t) \end{bmatrix} \tag{6-34}$$

误差方程为：

$$\Delta v^j(t) = -\begin{bmatrix} l^j_i(t) & m^j_i(t) & n^j_i(t) \end{bmatrix}\begin{pmatrix} \delta x_i \\ \delta y_i \\ \delta z_i \end{pmatrix} + c\Delta t(t) + \begin{bmatrix} \rho^j_{i0}(t) - \rho^j_1(t) - \Delta\rho^j(t) \end{bmatrix} \tag{6-35}$$

若以 n_i 和 n^j 表示包括基准站在内的观测站总数和同步观测的卫星数，则有：

$$单差方程数 = (n_i - 1) n^j$$

$$未知参数 = 4(n_i - 1)$$

由此，任一历元的观测数据求解条件为：

$$(n_i - 1) n^j \geq 4(n_i - 1)$$

或

$$n^j \geq 4$$

同样，对双差观测方程进行类似的分析，其求解的必要条件仍是：

$$n^j \geq 4$$

由上可见，利用测码伪距观测量的不同组合（单差或双差）进行动态相对定位，与动态绝对定位一样，每个历元必须同步观测至少 4 颗卫星。

2. 关于测相伪距动态相对定位

由于以测相伪距为观测量的动态相对定位法存在整周模糊度的解算问题，所以在动态相对定位中，目前均采用以测码伪距为观测量的实时定位法。虽然如此，但是以载波相位为观测量的高精度动态相对定位的研究与开发已得到普遍关注，并取得了重要进展。

以载波相位为观测量的动态相对定位的关键仍然是整周模糊度的解算问题。在动态观测之前，采用快速解算整周模糊度的方法，解算出载波相位观测量的整周模糊度，则误差方程的形式、误差方程的个数、未知数的个数均与上述测码伪距动态相对定位中的相同，因此在载体运动过程中，只要保持对至少 4 颗卫星的连续跟踪，就可利用单差或双差模型精确地确定运动载体相对于基准站的瞬时位置。这一方法目前在较小范围内获得了普遍应用。

上述定位方法的主要缺点是在动态观测过程中，要求保持对所测卫星的连续跟踪，这在实践中往往是比较困难的，而一旦发生失锁，则要重新进行上述初始化工作。为此近年来许多学者都致力于这一方面的研究，并提出了一些比较有效的解决办法，为测相伪距动态绝对定位法在长距离高精度动态定位中的应用，展现了良好的前景。

单元小结

　　本单元介绍 GPS 定位观测量及绝对定位测量原理，主要内容包括：GPS 定位方法分类、GPS 观测量、动态绝对定位与静态绝对定位。教学目的是使学生掌握 GPS 定位的基础理论与绝对定位原理，为学习 GPS 的后续知识打下理论基础。

　　本单元内容的特点是概念多、理论多、公式多，不涉及技能训练。学习时重点掌握 GPS 定位的基本原理、GPS 定位方法分类、GPS 观测量、绝对定位等基本概念，理解测码伪距动态绝对定位和测相伪距动态绝对定位、静态绝对定位等基本原理。书中的公式推导过程不要求掌握，但对公式推导的结论应当理解并熟练掌握，如观测方程和定位精度评价公式，应能结合误差传播定律从中看出影响定位精度的各种因素，并能通过以后单元的学习，掌握减弱各种误差影响以提高测量精度的措施。

单元 7　GPS 测量技术实施

【单元概述】

　　测绘是较早广泛采用 GPS 技术的领域之一。早期，GPS 主要用于高精度大地测量、控制测量和变形监测，具体应用方法是采用静态测量方法建立各种类型和精度等级的测量控制网或变形监测网。近年来，随着动态实时定位技术的发展和完善，GPS 逐步在测图、施工放样、地理信息采集等方面得到充分的应用，虽然目前在测量中动态应用越来越多，但静态测量作为一种经典测量方式，仍然活跃在测绘的各个方面。本单元以采用 GPS 静态测量方法完成具体控制测量项目的工作过程为基础，全面介绍 GPS 控制网的技术设计、外业的选点和埋石、外业的观测、数据传输、内业数据处理、成果资料汇总和技术总结，特别针对目前应用较广泛的 GPS 随机数据处理软件进行了详细的介绍。

【学习目标】

　　了解 GPS 控制网技术设计在 GPS 工程的作用；掌握 GPS 技术设计的依据并根据具体的项目确定 GPS 的精度等级和密度；掌握 GPS 控制网的布网形式；能够编写 GPS 控制网技术设计书；掌握几种常用静态接收机的操作；能够根据不同的测量项目对 GPS 接收机选型；掌握 GPS 数据处理的流程；理解 GPS 基线解算的原理与基线质量控制的方法；掌握 GPS 网平差的原理与步骤；了解 GPS 水准的概念，熟练掌握 GPS 接收机数据后处理软件的使用。

课题 1　GPS 网技术设计

一、GPS 网技术设计及其作用

　　技术设计是依据 GPS 网的用途和用户的要求，按照国家及行业主管部门颁布的 GPS 测量规范（规程），对基准、精度、密度、网形及作业纲要（如观测的时段、每个时段的长度、采样间隔、截止高度角、接收机的类型及数量、数据处理的方案）等作出具体规定和要求。技术设计是建立 GPS 网的首要工作，它提供了建立 GPS 网的技术准则，是项目实施过程中以及成果检查验收时的技术依据。精心的计划可以最大限度地保障项目按时保质地完成。

二、GPS 网设计的技术依据

GPS 网技术设计必须依据相关标准、技术规章或要求来进行，常用的依据有 GPS 测量规范及规程、测量任务书或合同书。

1. GPS 测量规范（规程）

1）2009 年国家质量监督检验检疫总局和国家标准化管理委员会发布的《全球定位系统（GPS）测量规范》（GB/T 18314—2009）。

2）2005 年国家测绘局发布的行业标准《全球导航卫星系统连续运行参考站网建设规范》（CH/T 2008—2005）。

3）1995 年国家测绘局发布的行业标准《全球定位系统（GPS）测量型接收机检定规程》（CH/T 8016—1995）。

4）2010 年住房和城乡建设部发布的行业标准《卫星定位城市测量技术规范》（CJJ/T 73—2010）。

5）各部委根据本部门 GPS 测量的实际情况制定的 GPS 相关规程和细则等。

2. 测量任务书或合同书

测量任务书或合同书是测量施工单位的上级主管部门或合同甲方下达的技术要求文件。这种技术文件也是指令性的，它规定了测量任务书的范围、目的、精度和密度要求，提交成果资料的项目和时间，完成任务的经济指标等。

三、GPS 网的精度和密度设计

1. GPS 测量的等级及用途

在 GB/T 18314—2009《全球定位系统（GPS）测量规范》中，将 GPS 测量划分为 A 级、B 级、C 级、D 级、E 级 5 个等级，表 7-1 中给出了各等级 GPS 测量的主要用途。需要说明的是，GPS 测量所属的等级并不是由用途来确定的，而是以其实际的质量要求来确定的。表 7-1 中所列各等级 GPS 测量的用途仅供参考，具体等级应以测量任务书或测量合同书的要求为准。

表 7-1　各等级 GPS 测量的主要用途

级别	用　　途
A	国家一等大地控制网，全球性地球动力学研究，地壳形变测量和精密定轨
B	国家二等大地控制网，地方或城市坐标基准框架，区域性地球动力学研究，地壳形变测量，局部形变监测和各种精密工程测量等
C	三等大地控制网，区域、城市及工程测量的基本控制网等
D	四等大地控制网
E	中小城市、城镇及测图、土地信息、房产、物探、勘测、建筑施工等的控制测量

在 CJJ/T 73—2010《卫星定位城市测量技术规范》中，城市控制网、城市地籍控制网和工程控制网划分为 CORS 网，二、三、四等和一、二级。

2. GPS 测量的精度及密度指标

（1）精度指标　根据 GB/T 18314—2009《全球定位系统（GPS）测量规范》，A 级 GPS 网由卫星定位连续运行基准站构成，其精度应不低于表 7-2 的要求；B、C、D、E 级 GPS 网的精度应不低于表 7-3 的要求。另外，用于建立国家二等大地控制网和三、四等大地控制网的 GPS 测量，在满足 7-3 所规定的 B、C 和 D 级精度要求的基础上，其相邻点距离的相对精度应分别不低于 1×10^{-7}、1×10^{-6}、1×10^{-5}。

表 7-2　A 级 GPS 网的精度指标

级　　别	坐标年变化率中误差		相 对 精 度	地心坐标各分量年平均中误差/mm
	水平分量/(mm/a)	垂直分量/(mm/a)		
A	2	3	1×10^{-8}	0.5

表 7-3　B、C、D、E 级 GPS 网的精度指标

级　　别	相邻点基线分量中误差		相邻点平均间距/km
	水平分量/mm	垂直分量/mm	
B	5	10	50
C	10	20	20
D	20	40	5
E	20	40	3

根据 CJJ/T 73—2010《卫星定位城市测量技术规范》，各等级城市 GPS 测量的相邻点间基线长度的精度用式（7-1）表示，其具体要求见表 7-4。

$$\sigma = \sqrt{a^2 + (bd)^2} \tag{7-1}$$

式中　σ——基线向量的弦长中误差；

a——基线测量的固定误差，其误差的大小与基线长度无关；

b——比例误差系数（1×10^{-6}）；

d——网中相邻点间的间距。

表 7-4　GPS 网的精度指标

等　　级	平均边长/km	固定误差 a/mm	比例误差 b/(mm/km)	最弱边相对中误差
CORS	40	≤5	≤1	1/800000
二等	9	≤5	≤2	1/120000
三等	5	≤5	≤2	1/80000
四等	2	≤10	≤5	1/45000
一级	1	≤10	≤5	1/20000
二级	<1	≤10	≤5	1/10000

（2）密度指标　根据 GB/T 18314—2009《全球定位系统（GPS）测量规范》，各级 GPS 网中相邻点间的距离最大不宜超过该级网平均点间距的 2 倍。根据 CJJ/T 73—2010《卫星定位城市测量技术规范》，二、三、四等城市 GPS 网相邻点间最小边长不宜小于平均边长的 1/2，最大边长不宜大于平均边长的 2 倍；一、二级网的最大边长可以在平均距离的基础上放宽 1 倍，当边长小于 200m 时，边长中误差应小于 ±2cm。

四、GPS 网的基准设计

1. 基准设计的内容

由 GPS 相对定位方法获得地面点间在 WGS—84 坐标系中的三维基线向量。而在我国，工程测量控制网一般采用国家坐标系（2000 国家大地坐标系）或地方独立坐标系。这就要求在 GPS 网设计时，必须明确 GPS 成果所采用的坐标系和起算数据，即明确 GPS 网所采用的基准，这项工作称为 GPS 网的基准设计。

GPS 网的基准包括位置基准、方位基准和尺度基准。位置基准一般由 GPS 网中起算点的坐标确定。方位基准一般由给定的起算方位角值确定，也可以将 GPS 基线向量的方位作为方位基准。尺度基准一般由 GPS 网中两起算点间的坐标反算距离确定。

2. 位置基准设计

GPS 网的位置基准设计取决于网中"起算点"的坐标和平差方法。确定位置基准一般可采用下列方法：

1）选取网中一个点的坐标，并加以固定或给以适当的权。

2）网中各点坐标均不固定，通过自由网伪逆平差或拟稳平差来确定网的位置基准。

3）在网中选取若干个点的坐标，并加以固定或给以适当的权。

采用前两种方法进行 GPS 网平差时，由于在网中引入了位置基准，而没有给出多余的约束条件，因而对网的定向和尺度都没有影响，此类网称为独立网。采用第三种方法进行平差时，由于给出的起算数据多于必要的观测数据，因而在确定网的位置基准的同时也会对网的方向和尺度产生影响，此类网称为符合网。

3. 尺度基准设计

尺度基准是由 GPS 网的基线来提供的，这些基线可以是地面测距边或已知点间的固定边，也可以使用 GPS 网中的基线向量。对于新建控制网，可直接由 GPS 基线向量提供尺度基准，即建成独立网或固定一点一方位进行平差的方法，这样可以充分利用 GPS 技术的高精度特性。对于旧控制网加密或改造，可将旧网中的若干个控制点作为已知点对 GPS 网进行符合网平差，这些已知点间的边长将成为尺度基准。对于一些涉及特殊投影面（投影面非参考椭球面）的网，若在指定投影面上没有足够数量的控制点，则可引入地面高精度测距边作为尺度基准。

4. 方位基准设计

方位基准设计一般是由网中的起始方位角来提供的，也可由 GPS 网中的各基线向量共同来提供。利用旧网中的若干控制点作为 GPS 网中的已知点进行约束平差时，方位基准将由这些已知点的方位角提供。

5. GPS 控制网的基准设计应注意的问题

1）GPS 测量成果的坐标转换，需要足够的起算数据与 GPS 测量数据重合，或者联测足够的地方控制点，以求得转换参数。在选择联测点时，既要考虑充分利用旧点资料，又要使新建的高精度 GPS 网不受点精度低的影响。大中城市 GPS 控制网应与附近的国家控制点联测 3 个以上。小城市和工程控制网可以联测 2～3 个点。

2）为保证 GPS 网进行约束平差后坐标精度的均匀性以及减少尺度比误差的影响，GPS 网内重合的高等级国家点或城市等级控制点，应与新点一起构成图形。

3）在布设 GPS 网时，可以采用 3～5 条高精度电磁波测距边作为起算边长。电磁波测距边两端高差不宜过大，可布设在网中的任何位置。

4）在布设 GPS 网时，可引入起算方位，但起算方位不宜太多。起算方位可布设在网中的任何位置。

5）为了将 GPS 所测的大地高转换为正常高，GPS 网应联测高程点。高程联测精度应采用不低于四等的水准测量或与其精度相当的方法进行。平原地区联测点宜不少于 5 个，丘陵、山地联测点宜不少于 10 个。联测的水准点应在测区均匀分布。

6）新建 GPS 网的坐标系应尽量与测区过去采用的坐标系一致。如采用地方坐标系，应具备椭球参数、中央子午线经度、坐标原点的国家统一坐标、纵横坐标加常数、测区平均高程面的高程值等技术参数。

五、GPS 网图形构成的基本概念和特征条件计算

在进行 GPS 网图形设计前，必须重点掌握有关 GPS 网构成的几个基本概念和网的特征条件的计算方法。

1. GPS 网构成的几个基本概念

1）观测时段：测站上开始接收卫星信号到停止接收，连续观测的时间间隔，简称时段。

2）同步观测：两台或两台以上接收机同时对同一组卫星进行的观测。

3）同步观测环：三台或三台以上接收机同步观测所获得的基线向量构成的闭合环。

4）异步观测环：由非同步观测获得的基线向量构成的闭合环。

5）数据剔除率：同一时段中，删除的观测值个数与获取的观测值总数的比值。

6）独立基线：对于 N 台 GPS 接收机构成的同步观测环，有 N 条同步观测基线，其中独立基线数为 $N-1$。

7）非独立基线：除独立基线外的其他基线叫非独立基线，总基线数与独立基线数之差即为非独立基线数。

2. GPS 网特征条件数的计算

假设某个工程的 GPS 网共布设了 n 个 GPS 点，用 N 台接收机进行同步观测，平均每个点观测的次数用 m 表示，总观测时段数用 C 表示，总基线数用 B_A 表示，必要基线数用 B_N 表示，独立基线数用 B_I 表示，多余基线数用 B_R 表示，则 GPS 网存在以下特征条件的计算公式：

$$C = m \cdot n / N \tag{7-2}$$

$$B_A = C \cdot N \cdot (N-1)/2 \tag{7-3}$$

$$B_N = n - 1 \tag{7-4}$$

$$B_I = C \cdot (N-1) \tag{7-5}$$

$$B_R = C \cdot (N-1) - (n-1) \tag{7-6}$$

3. GPS 网同步图形构成及独立边的选择

对于 N 台 GPS 接收机构成的同步图形中一个时段包含的 GPS 基线数为：

$$B = N \cdot (N-1)/2 \tag{7-7}$$

但其中仅有 $N-1$ 条是独立的 GPS 基线，其余为非独立 GPS 基线，图 7-1 给出了当接收机数量 $N = 2 \sim 5$ 时所构成的同步图形。

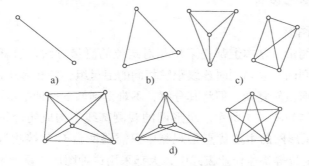

图 7-1　N 台接收机同步观测所构成的同步图形

a) $N = 2$　b) $N = 3$　c) $N = 4$　d) $N = 5$

对应于图 7-1 的独立 GPS 基线可以有不同的选择，如图 7-2 所示。

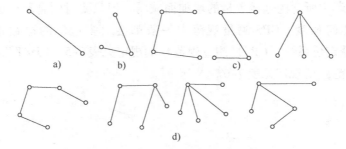

图 7-2　GPS 独立边的不同选择

a) $N = 2$　b) $N = 3$　c) $N = 4$　d) $N = 5$

理论上，同步闭合环中各 GPS 边的坐标差之和（即闭合差）应为 0，但由于有时各台 GPS 接收机并不严格同步，同步闭合环的闭合差并不等于 0。有的 GPS 规范规定了同步环闭合差的限差。对于同步较好的情况，应遵循此限差的要求；但当由于某种原因，同步不是很好时，应适当放宽此限差。

值得注意的是，当同步闭合环的闭合差较小时，通常只能说明 GPS 基线向量的计算合格，并不能说明 GPS 边的观测精度高，也不能发现接收机的信号受到干扰而产生的某些

粗差。

为了确保 GPS 观测效果的可靠性，有效地发现观测成果中的粗差，必须使 GPS 网中的独立边构成一定的几何形状。这种几何形状，可以是由数条 GPS 独立边构成的非同步多边形（非同步闭合环），如三边形、四边形、五边形等。当 GPS 网中有若干个起算点时，也可以是由两个起算点之间的数条 GPS 独立边构成的符合路线。GPS 网的图形设计，也就是根据对所布设的 GPS 网的精度要求和其他方面的要求，设计出由独立 GPS 边构成的多边形网（或称环形网）。

对于异步环的构成，一般应按设计的网图选定，必要时在技术负责人审定后，也可根据具体情况适当调整。当接收机多余 3 台时，也可按软件功能自动挑选独立基线构成环路。

六、GPS 网的图形设计

1. GPS 网的基本图形

目前的 GPS 控制测量，基本上都是采用相对定位的测量方法，这就需要两台或两台以上的 GPS 接收机在相同的时段内同时连续跟踪相同的卫星组，即实施所谓同步观测。

各种 GPS 网的图形虽然复杂，但将其分解，不难得到如下三种基本图形：

（1）星形　星形网如图 7-3 所示。星形网的观测基线不构成闭合图形，所以其检验与发现粗差的能力差。星形网的主要优点是观测中只需要两台 GPS 接收机，作业简单。在快速静态定位和准动态定位等快速作业模式中，大都采用这种图形。星形网被广泛应用于施工放样、边界测量、地籍测量和碎部测量等。

（2）环形　由含有多条独立观测基线的闭合环所组成的网，称为环形网，如图 7-4 所示。这种图形与经典测量中的导线网相似，其图形的结构强度比星形网好。这种网的自检能力和可靠性随闭合环中所含的基线数量的增加而减弱，但只要对闭合环中的边数加以限制，仍能保证一定的几何强度。GPS 测量规范中一般都会对多边形的边数作出限制，GB/T 18314—2009《全球定位系统（GPS）测量规范》的规定见表 7-5，CJJ/T 73—2010《卫星定位城市测量技术规范》的规定见表 7-6。

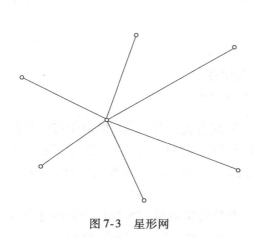

图 7-3　星形网

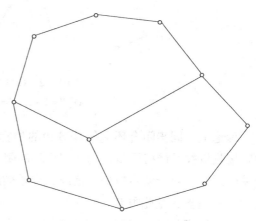

图 7-4　环形网

表7-5 GB/T 18314—2009《全球定位系统（GPS）测量规范》对最简独立闭合环和符合路线边数的规定

等级	B	C	D	E
闭合环或符合导线的边数	≤6	≤6	≤8	≤10

表7-6 CJJ/T 73—2010《卫星定位城市测量技术规范》对最简独立闭合环和符合路线边数的规定

等级	二等	三等	四等	一级	二级
闭合环或符合导线的边数	≤6	≤8	≤10	≤10	≤10

环形网的优点是观测工作量较小，且具有较好的自检性和可靠性。其主要缺点是相邻基线的点位精度分布不均。

（3）三角形 三角形网如图7-5所示，网中的三角形边由独立观测边组成。其优点是图形结构的强度好，具有良好的自检能力，能够有效地发现观测成果的粗差，同时，网中相邻基线的点位精度分布均匀。其缺点是工作量大。

2. GPS 网的连接方式

GPS 控制网是采用相对定位的方法求得两点间的基线向量，再由基线向量差已知点坐标传递给未知点的。所以，GPS 网中的各同步观测图形必须相互连接，才能传递坐标。

由若干不同时间观测的同步观测图形相互连接，便可构成 GPS 网的整网图形。由各同步图形构成 GPS 整网的构成方式一般采用同步图形扩展式，就是将一个个同步图形依次相连，逐步扩展，构成整网。各同步图形之间可采用如下的四种连接方式：

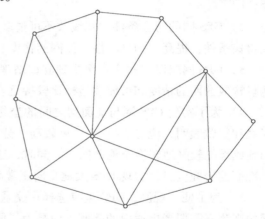

图7-5 三角形网

（1）点连式 点连式连接就是相邻两个同步观测图形之间通过一个公共点连接，如图7-6a所示。这种连接方式的优点是外业观测工作的推进速度快，作业效率高。缺点是网中没有重复观测基线，可靠性较差。采用点连式连接，要求最少有两台 GPS 接收机。

（2）边连式 边连式连接就是相邻两个同步观测图形之间有两个公共点，如图7-6b所示。这种连接方式与点连式相比，有重复观测基线，可用重复基线向量之差对观测质量进行检验，提高了 GPS 网的可靠性。但降低了外业观测工作的推进速度。采用边连式连接，要求最少有三台 GPS 接收机。

（3）网连式 网连式连接就是相邻两个同步观测图形之间有三个以上的公共点，如图7-6c所示。网连式与边连式相比，重复观测的基线数更多，网的可靠性更高，推进速度更慢。

（4）混连式 在实际的工程应用中，尤其是较大工程，很少使用单一网来布设 GPS 网，通常会根据测区的特殊情况有针对性地进行布设。这就需把点连式、边连式以及网连式有机地结合起来，克服缺点，发挥其优点，在保证网的几何强度和提高网的可靠指标的前提下，

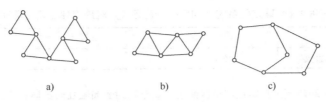

图7-6　同步图形连接方式

a）三台点连式　b）三台边连式　c）五台网连式

减少外业工作量，降低成本，这种布设形式为混连式。混连式是 GPS 网图形设计较理想的综合性布网方案。

3. GPS 网的布网原则

1）GPS 网中不应存在自由基线。所谓自由基线是指不构成闭合图形的基线，由于自由基线不具备发现粗差的能力，因而必须避免出现，也就是 GPS 网一般应通过独立基线构成闭合图形。

2）GPS 网的闭合条件中基线数不可过多。网中各点最好有 3 条或更多基线分支，以保证检核条件，提高网的可靠性，使网的精度、可靠性较均匀。

3）GPS 网应以"每个点至少独立设站观测两次"的原则布网。这样由不同数量接收机测量构成的网的精度和可靠性指标比较接近。

4）为了实现 GPS 网与地面网之间的坐标转换，GPS 网至少应与地面网有 2 个重合点。研究和实践表明，应有 3～5 个精度较高、分布均匀的地面点作为 GPS 网的一部分，以便使 GPS 成果能较好地转换至地面网中。同时，还应与相当数量的地面水准点重合，以提供大地水准面的研究资料，实现 GPS 大地高向正常高的转换。

5）为了便于观测，GPS 点应选择在交通便利、视野开阔、容易到达的地方。尽管 GPS 网的观测不需要考虑通视的问题，但是为了便于用经典方法扩展，单点至少应与网中另一点通视。

4. GPS 网的设计步骤

1）测区踏勘。

2）收集已有控制点资料和已有图样资料。

3）根据测量任务书、工程特点和测区面积确定控制网的精度等级。

4）根据接收机数量确定同步观测图形。

5）选取适当比例尺地形图。

6）在地形图中展绘已有控制点。

7）根据选点要求和精度等级在地形图中选取新点。

8）将所选新点构成同步观测图形，并逐步扩展为 GPS 网图形。

9）图上检查点间通视情况。

七、GPS 网的优化设计

控制网的优化设计，是在限定精度、可靠性和费用等质量标准下，寻求网设计的最佳极值。经典控制网优化设计包括零类设计（基准问题）、一类设计（图形问题）、二类设计（观测权问题）和三类设计（加密问题）。

与经典控制网相似，GPS 网的设计也存在优化的问题。但是，由于 GPS 测量无论是在测量方式上，还是在构网方式上均完全不同于经典控制测量，因而其优化设计的内容也不同于经典优化设计。

1. GPS 测量的特点以及优化设计的内容

（1）GPS 测量的特点　　GPS 相对定位测量是若干台 GPS 接收机同时对天空卫星进行观测，从而获得接收机间的基线向量，因此，各点之间不需通视。另外，在 GPS 测量中，当整周模糊度确定之后，观测量的权不再随观测时间增长而显著提高，所以，经典控制网观测权的优化设计在 GPS 测量中不再具有显著的意义。

GPS 网是一种非层次结构，可一次扩展到所需的密度。网的精度不受网点所构成的几何图形的影响，即其精度与网中各点的坐标及边与边之间的角度无关，而只与网中各点所发出的基线数目及基线的权阵有关，这可以从 GPS 网的平差数学模型中看出。因此，经典控制网的一类优化设计（网的几何图形设计）在 GPS 网中成为网形结构设计。

经典控制网的必要起算数据包括：一点的坐标（用于网的定位），一条边的方位（用于网的定向），一条边的长度（用于确定网的尺度）。GPS 网的观测量——基线向量本身已包含尺度和方位信息，因此，理论上只需要一个点的坐标对网进行定位。但是考虑到 GPS 观测量的尺度因子受卫星轨道误差影响较大，而且与地面网的尺度因子之间存在匹配问题，往往需提供一些边长基准，但是这并不是必要基准，而是削弱系统误差所采用的措施。

经典控制网中，误差具有累积性，网中各边的相对精度和方位精度不均匀。而 GPS 网中的基线向量均含有长度和方位观测量，不存在误差传递与积累问题。因而，网的精度比较均匀，各边的方位和边长的相对精度基本上在同一数量级。

（2）GPS 网优化设计的内容　　GPS 网不同于经典控制网的所有种种特点，决定了 GPS 网的优化设计不同于经典控制网的优化设计。

从 GPS 测量的特点分析可以看出，GPS 网需要一个点的坐标为定位基准，而此点的精度高低直接影响到网中各基线向量的精度和网的最终精度。同时，由于 GPS 网的尺度含有系统误差以及与地面网的尺度匹配问题，所以有必要提供精度较高的外部尺度基准。

由于 GPS 网的精度与网的几何图形结构无关，且与观测权相关甚小，而影响精度的主要方面是网中各点发出基线的数目及基线的权阵。单国政提出了 GPS 网形结构强度优化设计的概念，讨论增加的基线数目、时段数、点数对 GPS 网的精度、可靠性、经济效益的影响。同时，经典控制网中的三类优化设计，即网的加密和改进问题，对于 GPS 网来说，也就意味着网中增加一些点和观测基线，故仍可将其归结为对图形结构强度的优化设计。

综上所述，GPS 网的优化设计主要归结为两类内容的设计：

1）GPS 网基准的优化设计。

2）GPS 网图形结构强度的优化设计，包括网的精度设计，网的抗粗差能力的可靠性设计，网发现系统差能力的强度设计。

2. GPS 网基准的优化设计

经典控制网的基准优化设计是选择一个外部配置，使得权系数阵达到一定的要求，而GPS网的基准优化设计主要是对坐标未知参数 X 进行设计。基准选取的不同将会对网的精度产生直接影响，其中包括GPS网基线向量解中位置基准的选择，以及GPS网转换到地方坐标系所需的基准设计。另外，由于GPS尺度往往存在系统误差，也应提出对GPS尺度基准的优化设计。

（1）GPS网位置基准的优化设计　研究表明，GPS基线向量解算中作为位置基准的固定点误差是引起基线误差的一个重要因素，使用测量时获得的单点定位值作为起算坐标，由于其误差可达数十米以上，所以选用不同点的单点定位坐标值作为固定点时，引起的基线向量差可达数厘米。因此，必须对网的位置基准进行优化设计。

对位置基准的优化可以采用如下方案：

1）若网中点具有较准确的国家坐标系或地方坐标系坐标，可以通过它们所属坐标系与WGS—84坐标系的转换参数求得该点的WGS—84系坐标，把它作为GPS网的固定位置基准。

2）若网中某点是Doppler点或SLR站，由于其定位精度较GPS伪距单点定位高得多，可将其联至GPS网中作为一点或多点基准。

3）若网中无任何其他类已知起算数据时，可将网中一点多次GPS观测的伪距坐标作为网的位置基准。

（2）GPS网的尺度基准优化设计　尽管GPS观测量本身已含有尺度信息，但由于GPS网的尺度含有系统误差，所以，还需要提供外部尺度基准。

GPS网的尺度系统误差有两个特点：一是随时间变化，由于美国政府的SA政策，使广播星历误差大大增加，从而对基线带来较大的尺度误差；二是随区域变化，由区域重力场模型不准确引起的重力摄动所造成。因此，如何有效地降低或消除这种尺度误差，提供可靠的尺度基准就是尺度基准优化问题。其优化有以下几种方案：

1）提供外部尺度基准。对于边长小于50km的GPS网，可用较高精度的测距仪（10^{-6}或更高）施测2~3条基线边，作为整网的尺度基准，对于大型长基线网，可采用SLR站的相对定位观测值和VLBI基线作为GPS网的尺度基准。

2）提供内部尺度基准。在无法提供外部尺度基准的情况下，仍可采用GPS观测值作为尺度基准，只是对于作为尺度基准的观测量提出一些不同要求，其尺度基准设计如图7-7所示。

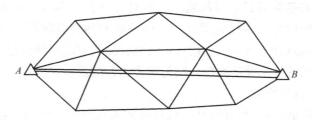

图7-7　GPS网尺度基准设计

在网中选一条长基线，对该基线尽可能地长时间（季节、月份、昼夜）多次观测，最后取多次观测所得的基线的平均值，以其边长作为网的尺度基准。由于它是不同时期的平均值，尺度误差可以抵消，其精度要比网中其他短基线高得多，所以可以作为尺度基准。

3. GPS 网的精度设计

精度是用来衡量网的坐标参数估值受偶然误差影响程度的指标。网的精度设计是根据偶然误差传播规律，按照一定的精度设计方法，分析网中各未知点平差后预期能达到的精度，这也常被称为网的统计强度设计与分析。一般常用坐标的方差——协方差阵来分析，也常用误差椭圆（球）和相对误差椭圆（球）来描述坐标点的精度情况，或用点之间方位、距离和角度的标准差来定义。

对于 GPS 网的精度要求，较为通行的方法是用网中点间距离的误差来表示，其形式为式（7-1）。根据网的不同用途，GB/T 18314—2009《全球定位系统（GPS）测量规范》和 CJJ/T 73—2010《卫星定位城市测量技术规范》分别将 GPS 网划分成 5 个和 6 个等级，其相应的精度见表 7-2、表 7-3 和表 7-4。

对于许多大地网、工程控制网仅有点之间距离的相对精度要求还不够，通常以网中各点点位精度，或网的平均点位精度作为表征网精度的特征指标，这种精度指标可由网中点的坐标之方差——协方差阵构成描述精度的纯量精度标准和准则矩阵来实现。纯量精度标准是选择一个描述全网总体精度的一个不变量，作出不同选择时，便构成了不同的纯量精度标准，并用其来建立优化设计的精度目标函数。准则矩阵是将网中点的坐标方差——协方差阵构造成具有理想结构的矩阵，它代表了网的最佳精度分布，具有更细致描述网的精度结构的控制标准。但是由于 GPS 测量精度与网的点位坐标无关，与观测时间无明显的相关性（整周模糊度一旦被确定后），GPS 网平差的法方程只与点间的基线数目有关，且基线向量的 3 个坐标差分量之间又是相关的，因此，很难从数学和实际应用的角度出发，建立使未知数的协因数阵逼近理想的准则矩阵。

目前较为可行的方法是给出坐标的协因数阵的某种纯量精度标准函数。

设 GPS 网有误差方程：

$$\begin{cases} \underset{3m \times 1}{V} = \underset{3m \times n}{A} \ \underset{n \times 1}{X} + \underset{3m \times 1}{l} \\ D_u = \sigma_0^2 P^{-1} \end{cases} \tag{7-8}$$

式中　l、V——观测基线向量和改正数向量；

　　　　X——坐标未知参数向量；

　　　　P——观测值权阵；

　　　　σ_0^2——先验方差因子（在设计阶段取 $\sigma_0^2 = 1$）。

由最小二乘法可得参数估值及其协因数阵为：

$$\begin{cases} X = (A^\mathrm{T} P A)^{-1} A^\mathrm{T} P l \\ Q_X = (A^\mathrm{T} P A)^{-1} \end{cases} \tag{7-9}$$

式（7-8）的建立可参阅基线向量网平差。

优化设计中常用的纯量精度标准，根据其由 $\boldsymbol{Q}_X$ 构成的函数形式的不同分为 4 类不同的最优纯量精度标准函数。

1）A 最优性标准：

$$f = \text{tr}\boldsymbol{Q}_X = \lambda_1 + \lambda_2 + \cdots + \lambda_t \rightarrow \min$$

式中 λ_1，λ_2，$\cdots$，λ_t——$\boldsymbol{Q}_X$ 的非零特征值，即特征方程：

$$\left| \lambda E - \boldsymbol{Q}_X \right| = 0$$

的 t 个根。

2）D 最优性标准：

$$f = \det\boldsymbol{Q}_X = \lambda_1 \cdot \lambda_2 \cdots \lambda_t \rightarrow \min$$

3）E 最优性标准：

$$f = \lambda_{\max} \rightarrow \min$$

式中 $\lambda_{\max}$——$\boldsymbol{Q}_X$ 的最大特征值

4）C 最优性标准：

$$f = \frac{\lambda_{\max}}{\lambda_{\min}} \rightarrow \min$$

在以上 4 个纯量精度最优性函数标准中，C、D、E 三个标准需要求行列式和特征值，而对于高阶矩阵这些值的计算都是比较困难的，因此，在实际中较少应用，多用于理论研究。相反，A 最优性标准函数求的是 $\boldsymbol{Q}_X$ 的迹，计算简便，避免了特征值的计算，因此在实际中应用较多。$\boldsymbol{Q}_X$ 可根据设计时接收的 GPS 卫星概略轨道参数（历书文件）、测站的概略位置和设计图中的基线概略值计算，计算公式见式（7-9）。

实际应用中还可以根据工程对网的具体要求，将 A 最优性标准变形为：

$$f = \text{tr}\boldsymbol{Q}_X \leqslant C \tag{7-10}$$

4. GPS 网精度设计实例

对 GPS 进行网形设计，必须考虑精度要求，GPS 网精度设计可按如下步骤进行：

1）首先根据布网目的，在图上进行选点，然后到野外踏勘选点，以保证所选点满足本次控制测量任务要求和野外观测应具备的条件，进而在图上获得要施测点位的概略坐标。

2）根据本次 GPS 控制测量使用的接收机台数 m，选取（$m-1$）条独立基线设计网的观测图形，并选定网中可能追加施测的基线。

3）根据本次控制测量的精度要求，采用解析—模拟方法，依据精度设计模型，计算网可达到的精度数值。

4）逐步增减网中的独立观测基线，直至精度数值达到网的精度指标，并获得最终网形及施测方案。

【例 7-1】 对一个由 8 个点组成的 GPS 模拟网，进行网的精度设计。该 8 个点的概略大地坐标由图上量出列于表 7-7，点位及网形如图 7-8 所示。

表 7-7　GPS 模拟网坐标值

点　　号	纬度/(°)	经度/(°)	大地高/m
1	36.16	112.30	100.00
2	36.11	112.30	80.00
3	36.16	112.34	120.00
4	36.14	112.32	150.00
5	36.14	112.36	120.00
6	36.11	112.34	100.00
7	36.16	112.38	200.00
8	36.11	112.38	110.00

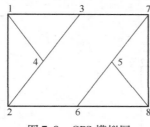

图 7-8　GPS 模拟网

解：在图 7-8 中，独立基线为 1—2，1—3，1—4，2—4，2—6，3—4，3—7，5—6，5—7，5—8，6—8，7—8，共 12 条。

假定单位权方差因子 $\sigma_0^2 = 1$，以 1 号点作为基准点，设计后的平均点位误差要求为 2.2cm（即 $C = 2.2$cm）。

GPS 接收机测量基线边长、方位和高差的精度见表 7-8。

表 7-8　基线边长、方位和高差的精度

	固定误差	比例误差
D（边长）	5mm	1×10^{-6}
A（方位）	3″	1″
H（高差）	10mm	2×10^{-6}

根据图 7-8 独立基线构成的 GPS 网形结构，由式（7-9）可求出网的协因数阵 $\boldsymbol{Q}_X$，再由式（7-10）可求出网的平均协因数值 $\mathrm{tr}\boldsymbol{Q}_X$，进而求出网的平均点位误差 $m^2 = \sigma_0^2 \sqrt{\mathrm{tr}\boldsymbol{Q}_X}$，为 2.9cm，未达到设计精度要求。

网中增加新的基线，并重新计算协因数阵及平均点位误差，见表 7-9。

表 7-9　新增基线

增加基线	达到的平均点位误差/cm
4—6	2.5
3—5	2.3
4—5	2.2

由计算结果可看出，只要加测3—5，4—6和4—5等3条基线后，即可达到设计精度要求。因此，最终设计图形及需测的独立基线如图7-9所示。图7-10描述了GPS网的精度设计程序流程。

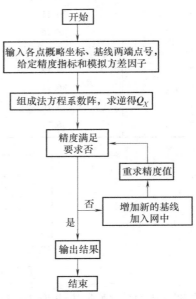

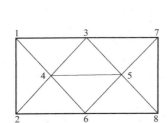

图7-9　新增基线后的GPS模拟网　　　　图7-10　GPS网的精度设计程序框图

八、技术设计书的编写

技术设计书是GPS网设计成果的载体，是GPS测量的指导性文件，也是GPS测量的关键技术文档。技术设计书主要应包含如下内容：

（1）项目来源　介绍项目的来源和性质，即项目由何单位、部门发包、下达，属于何种性质的项目。

（2）测区概况　介绍测区的地理位置、隶属行政区划、气候、人文、经济发展状况、交通条件、通信条件等。这些可以为今后工程施测工作的开展提供必要的信息，如在施测时进行作业时间、交通工具的安排以及电力设备、通信设备的准备。

（3）工程概况　介绍工程的目的、作用、要求、GPS网等级（精度）、完成时间、有无特殊要求等在进行技术设计、实际作业和数据处理中所必须了解的信息。

（4）技术依据　介绍工程所依据的测量规范、工程规范、行业标准及相关的技术要求等。

（5）现有测绘成果　介绍测区内及与测区相关地区的现有测绘成果的情况，如已知点、测区地形图等。

（6）施测方案　介绍测量采用的仪器设备的种类、采取的布网方法等。

（7）作业要求　规定选点埋石要求、外业观测时的具体操作规程、技术要求等，包括仪器参数的设置（如采样间隔、截止高度角等）、对中精度、整平精度、天线高的量测方法及精度要求等。

（8）观测质量控制　介绍外业观测的质量要求报告质量控制方法及各项限差要求等。如数据剔除率、RMS 值、Ratio 值、同步环闭合差、异步环闭合差、相邻点对中误差、点位中误差等。

（9）数据处理方案　详细的数据处理方案包括基线解算和网平差所采用的软件和处理方法等内容。

对于基线解算的数据处理方案，应包括如下内容：基线解算软件、参与解算的观测值、解算时所使用的卫星星历类型等。

对于网平差的数据处理方案，应包含如下内容：网平差处理软件、网平差类型、网平差时的坐标系、基准及投影、起算数据的选取等。

（10）提交成果要求　规定提交成果的类型及形式。

课题 2　GPS 点设置

一、野外选点

进行 GPS 控制测量，首先应在野外进行控制点的选点与埋设。由于 GPS 观测是通过接收天空卫星信号实现定位测量，一般不要求观测站之间相互通视，而且，由于 GPS 观测精度主要受观测卫星的几何状况的影响，与地面点构成的几何状况无关，因此，网的图形选择也较灵活，选点工作较常规控制测量简单方便。但由于 GPS 点位的适当选择对保证整个测绘工作的顺利进行具有重要的影响，所以，应根据控制测量服务的目的、精度、密度要求，在充分收集和了解测区范围、地理情况以及原有控制点的精度、分布和保存情况的基础上，进行 GPS 点位的选定与布设。

1. 观测站的基本要求

在选点时应注意如下问题：

1）测站四周视野开阔，高度角 15°以上不允许存在成片的障碍物。测站上应便于安置 GPS 接收机和天线，可方便进行观测。

2）远离大功率的无线电信号发射源（如电台、电视台、微波中继站），以免损坏接收机天线。与高压输电线、变压器等保持一定的距离，避免干扰。具体的距离可以参阅接收机的用户手册。

3）测站应远离房屋、围墙、广告牌、山坡及大面积平静水面（湖泊、池塘）等信号反射物，以免出现严重的多路径效应。

4）测站应位于地质条件良好、点位稳定、易于保护的地方，并尽可能顾及交通等条件。

5）充分利用符合要求的原有控制点的标石和观测墩。

6）应尽可能使所选测站附近的小环境（指地形、地貌、植被等）与周围的大环境保持一致，以避免或减少气象元素的代表性误差。

7）A 级 GPS 点点位应符合 CH/T 2008—2005《全球导航卫星系统连续运行参考站网建

设规范》的有关规定。

2. 辅助点和方位

在某些特殊情况下，需要设置辅助点和方位点。具体要求如下：

1）A、B级GPS点不位于基岩上时，宜在附近埋设辅助点，并测定与GPS点之间的距离和高差，精度应优于5mm。

2）可根据需要在GPS点附近设立方位点。方位点应与GPS点保持通视，离GPS点的距离一般不小于300m。方位点应位于目标明显、观测方便的地方。

3. 选点作业

选点作业应按如下要求进行：

1）选点人员应按照在图上选择的初步位置以及对点位的基本要求，在实地最终选定点位，并做好相应的标记。

2）利用旧点时，应对旧点的稳定性、可靠性和完好性进行检查，符合要求时方可利用。

3）点名应以该点位所在地命名，无法区分时，可在点名后加注（一）、（二）等予以区别。少数民族地区的点名应使用准确的音译汉语名，在音译后可附原文。

4）新旧点重合时，应沿用旧点名，一般不应更改。如由于某些原因确需要更改时，要在新点名后加括号注上旧点名。GPS点与水准点重合时，应在新点名后的括号内注明水准点的等级和编号。

5）新旧GPS点（包括辅助点和方位点）均需在实地按规范要求的形式绘制点之记。所有内容均要求在现场仔细记录，不得事后追记。A、B级GPS点在点之记中应填写地质概要、构造背景及地形地质构造略图。

6）点位周围存在高于10°的障碍物时，应按规范要求的形式绘制点的环视图。

7）选点工作完成后，应按规范要求的形式绘制GPS网选点图。

4. 提交资料

选点工作完成后，应提交如下资料：

1）用黑墨水填写的点之记和环视图。

2）GPS网选点图。

3）选点工作总结。

二、标石埋设

为了GPS控制测量成果的长期利用，GPS控制点一般应设置具有中心标志的标石，以精确标示点位，点位标石和标志必须稳定、坚固，以便点位的长期保存。对于各种变形监测网，则更应该建立便于长期保存的标志。为了提高GPS测量的精度，可埋设带有强制归心装置的观测墩。关于各种标石的构造可参见有关文献和规范。

1. 埋石作业

1）各级GPS点的标石一般应用混凝土浇筑。有条件的地方可以用整块花岗岩、青石等坚硬石料凿制，其规格不应小于同类混凝土标石。埋设天线墩、基岩标石、基本标石时，应现场浇筑混凝土，普通标石可以预制后运往各点埋设。

2）埋设标石时，各层标志中线应严格位于同一铅垂线上，其偏差不得大于2mm。强制对中装置的对中误差不得大于1mm。

3）利用旧点时，应确认该标石完好，并符合同级 GPS 点埋石的要求，且能长期保存。上标石破坏时，可以以下标石为准重新埋设上标石。

4）方位点上应埋设普通标石，并加以注记。

5）GPS 点埋设所占土地应经土地使用者或土地管理部门同意，并办理相关手续。新埋标石及天线墩应办理测量标志委托保管书，一式三份，交标石的保管单位或个人一份，上交当地测绘主管部门和标石埋设单位存档各一份。利用旧点时，需对委托保管书进行核实，不落实时，应重新办理委托保管手续。

6）B、C 级点的标石埋设后至少经过一个雨季，冻土地区至少经过一个解冻期，基岩或岩层标石至少经过一个月后，方可用于观测。

7）现场浇筑混凝土标石时。应在标石上压印 GPS 点的类别、埋设年代和"国家设施勿动"等字样。荒漠、平原等不容易寻找 GPS 点的地方，还需在 GPS 点旁埋设指示碑，规格见 GB/T 12898—2009《国家三、四等水准测量规范》。

2. 提交资料

埋石结束后，需上交的资料如下：

1）埋石情况的 GPS 点之记。

2）土地占用批准文件与测量标志委托保管书。

3）标石建造拍摄的照片。

4）埋石工作总结。

课题 3 GPS 接收机

一、HD8200X 静态 GPS 接收机

1. 操作面板的认识

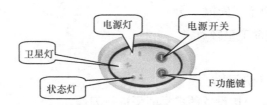

图7-11 中海达 HD8200X 接收机操作面板图

如图 7-11 所示，HD8200X 静态机主机面板有按键两个：F 功能键和电源开关键。指示灯有 3 个，分别为电源灯、卫星灯、状态灯。按键操作功能、指示灯含义分别是：

1）双击 Ⓕ（间隔大于 0.1 秒，小于 1.2 秒），进入"采样间隔"设置，按 Ⓕ 键有 1

秒、5 秒、10 秒、15 秒循环选择，按 Ⓘ 确定。超过 10 秒未按 Ⓘ 确定，则自动确定。

2）长按 Ⓕ 大于 3 秒，进入"卫星截止角"设置，按 Ⓕ 键有 5 度、10 度、15 度、20 度循环选择，按 Ⓘ 确定。超过 10 秒未按 Ⓘ 确定，则自动确定。

注意：已经进入记录文件状态后，如果改变了卫星截止角度和采样间隔，会关闭之前的文件，重新建立文件采集。

3）单击 Ⓕ 键，当未进入文件记录状态时，语音提示当前卫星数、采样间隔和卫星截止角。若已经进入文件记录状态，则仅卫星灯闪烁，闪烁次数表示当前卫星颗数。

4）按住 Ⓘ 1 秒开机。

5）在开机状态下，电源灯指示电池电量。长按 Ⓘ 3 秒则关机。

6）在同时按下 Ⓕ 和 Ⓘ，会恢复到出厂初始设置，采样间隔 5 秒，卫星截止角度 10 度，并重新建立文件采集。

2. 连接端口及 GC—3 Y 型电缆介绍

主机底部八孔插座口为 USB 数据线下载端口（图 7-12a）。GC—3 Y 型电缆线的 USB 接口用于 HD8200X 静态机静态数据的下载，串口用于对 HD8200X 静态机静态文件的管理操作（图 7-12b）。

3. LED 指示灯操作说明

（1）电源灯（红色）

1）"常亮"。正常电压：内电池 >7.2V，外电 >11V。

2）"慢闪"。欠压：内电池 ≤7.2V，外电 ≤11V。

3）"快闪"。每分钟快闪 1~4 下以指示电量。

（2）卫星灯（绿色）

1）"慢闪"。搜星或卫星失锁。

2）"常亮"。卫星锁定，间隔一分钟闪烁，闪烁次数表示当前卫星颗数。

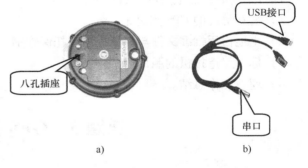

图 7-12　连接端口与数据线缆图

a）连接端口　b）GC—3Y 型电缆线

（3）状态灯（绿色）

1）静态时发生错误（快闪）。

2）静态数据采集指示，按设置的采样间隔进行闪烁。

3）USB 数据下载时闪动指示。

4. 电池的安装与拆卸

（1）电池仓盖板安装与拆卸　电池仓盖板如图 7-13 所示，将电池盖板的金属扣由水平方向旋至竖直方向，电池盖板就会自行弹起，取下便可；相反，安装时将电池盖板下压后，将金属扣由竖直方旋至水平方向便可。

（2）电池的安装与拆卸　打开电池仓盖板后可以看到两块电池，电池安装如图 7-14 所示。将电池有正负极的一端先放入安装槽中，将另一端向斜下方 45°下压便可。反之，将电池无正负极的一端轻轻抠起便可。

图 7-13　电池仓盖板

图 7-14　电池安装

5. 天线高测量

安置好仪器后，用户应在各观测时段的前后，各量测天线高一次，量至 mm。量测时，由标石（或其他标志）或者地面点中心顶端量至天线中部，即天线上部与下部的中缝（图 7-15）。

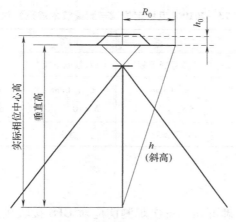

图 7-15　量取天线高示意图

采用下面公式计算天线高：

$$H = \sqrt{h^2 - R_0^2} + h_0 \tag{7-11}$$

式中　h——标石或其他标志中心顶端到天线下沿所量的斜距（即 h 为用户用钢卷尺由地面中心位置量至天线边缘的斜距）；

　　　R_0——天线半径（以天线相位中心为准）；

　　　h_0——天线相位中心至天线中部的距离。

所算 H 即为天线高理论计算值。两次量测的结果之差不应超过 3mm，并取其平均值采用。

特别注意：实际输入仪器天线高时要求输入 h，即用钢卷尺由地面中心位置量至天线边缘的斜距。

二、接收机的选择、检验与维护

1. 接收机的选择

GPS 接收机是实施测量工作的关键设备，其性能要求和所需的接收机数量与 GPS 网的布设方案和精度要求有关，工作中可根据情况参照相应的规程规范选择合适的接收机。表7-10 和表 7-11 分别列出了 GB/T 18314—2009《全球定位系统（GPS）测量规范》和 CJJ/T 73—2010《卫星定位城市测量技术规范》中对接收机的要求。

表 7-10　GB/T 18314—2009《全球定位系统（GPS）测量规范》对接收机的要求

级　别	B	C	D、E
单频/双频	双频	双频或单频	双频或单频
观测量至少有	L_1、L_2 载波相位	L_1 载波相位	L_1 载波相位
同步观测接收机数	≥4	≥3	≥2

表 7-11　CJJ/T 73—2010《卫星定位城市测量技术规范》对接收机的要求

等　级	二等	三等	四等	一级	二级
接收机	双频	双频或单频	双频或单频	双频或单频	双频或单频
标称精度	≤（5mm + $2 \times 10^{-6} \cdot d$）	≤（5mm + $5 \times 10^{-6} \cdot d$）	≤（10mm + $5 \times 10^{-6} \cdot d$）	≤（10mm + $5 \times 10^{-6} \cdot d$）	≤（10mm + $5 \times 10^{-6} \cdot d$）
同步观测接收机	≥4	≥3	≥3	≥3	≥3

注：d 指水平距离。

2. GPS 接收机的检验

为了保证观测的成果正确可靠，每次观测前应对 GPS 接收机进行一定的检验。而且每隔一段时间，特别是新购置的 GPS 接收机，均应对 GPS 接收机进行全面检定。接收机全面检定的内容主要包括以下部分：

（1）一般性检视　一般性检视主要检查接收机主机和天线外观是否良好，主机和附件是否齐全、完好，紧固部件是否松动与脱落。

（2）通电检视　通电检视主要检查 GPS 接收机与电源正确连通后，信号灯、按键、显示系统和仪器工作是否正常，开机后自检系统工作是否正常。自检完成后，按操作步骤进行卫星的捕获与跟踪，以检验捕获锁定卫星时间的快慢、接收信号的信噪比及信号失锁情况等。

（3）GPS 接收机内部噪声水平测试　接收机的内部噪声，主要是由于接收机硬件不完善（如钟差、信号通道时延、延迟锁相环误差及机内噪声）所引起的，测试方法有零基线测试和超短基线测试两种。

1）零基线测试法。采用图 7-16 所示的功率分配器，将同一天线接收的 GPS 卫星信号分成功率、相位相同的两路或多路信号，分别送到不同的 GPS 接收机中，然后利用相对定位原理，根据接收机的观测数据解算相应的基线向量，即三维坐标差。

因为这种方法可以消除卫星几何图形、卫星轨道偏差、大气折射误差、天线相位中心偏差、信号多路径效应误差及仪器对中误差等多项影响，所以是检验接收机内部噪声的一种可靠方法。

理论上，所解算的基线向量的三维坐标差应为零，故称为零基线测试法。

测试时要求两台接收机同步接收 4 颗以上的卫星信号 1.5h，然后交换接收机，再观测一个时段。三维坐标差及其误差应小于 1mm。在这项检验中，功率分配器的质量对保障接收机内部噪声水平检验的可靠性是极其重要的。

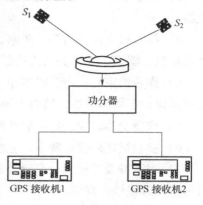

图 7-16　零基线检验示意图

2）超短基线检验法。在地势平坦，对空视野开阔，无强电磁波干扰及地面反射较小的地区，布设长度为 5～10m 的基线，将其长度用其他测量仪器精确测得。检验时，将两台接收机天线分别安置在此基线的两端，天线应严格对中、整平，天线定向标志指北，同步观测 1.5h 解算求得的基线值与已知基线长度之差应小于仪器的固定误差。

由于检验基线很短，所以观测数据通过差分处理后，可有效消除各项外界因素影响，因而测量基线与已知基线之差主要反映了接收机的内部噪声水平。

（4）天线相位中心稳定性检验　天线相位中心稳定性，是指天线在不同方位下的实际相位中心位置与厂家提供的天线几何中心位置的一致性。通常采用相对定位法，在超短基线上进行测试。

这一方法的基本步骤为：将 GPS 接收机天线分别安置在超短基线端点上，天线定向指北，经精确对中、整平后，观测 1.5h。然后固定一个天线不动，将其他天线依次旋 90°、180°、270°，再测 3 个时段。最后再将固定不动的天线，相对其他任意一天线，依次旋转 90°、180°、270°，再测 3 个时段。利用相对定位原理，分别求出各时段基线值，其互差值一般不应超过厂家给出的固定误差的 2 倍。

（5）GPS 接收机精度指标测试　在已知精确边长的标准检定场上进行此项检验。将需要检定的仪器天线准确地安置在已知基线端点上，天线对中误差小于 1mm，天线指向北，天线高量至 1mm。进行观测后测得的基线值与已知标准基线的较差应小于仪器标称中误差。

另外，应对接收机有关附件进行检验，如气象仪表（气压表、通风干湿表）的检验，天线底座水准器和光学对中器的检验与校正，电池电容量、电缆及接头是否完好配套，充电器功能的检验，天线高量尺是否完好及尺长精度检验等。

GPS 接收机是精密的电子仪器，要根据有关规定定期对一些主要项目进行检验，确保能获取可靠的高精度观测数据。

3. 接收设备的维护

1）GPS 接收机等仪器应指定专人保管，不论采用何种运输方式，均要求专人押运，并应采取防振措施，不得碰撞倒置和重压。

2）作业期间必须严格遵守技术规定和操作要求，未经允许非作业人员不得擅自操作仪器。

3）接收机应注意防振、防潮、防晒、防尘、防蚀、防辐射，电缆线不得扭折，不得在地面拖拉、辗砸，其接头和连接器要经常保持清洁。

4）作业结束后，应及时擦净接收机上的水汽和尘埃，及时存放在仪器箱内，仪器箱应置于通风、干燥阴凉处，箱内干燥剂呈粉红色时，应及时更换。

5）仪器交接时应进行一般性检视（见接收机检验），并填写交接情况记录。

6）接收机在外接电源前，应检查电压是否正常，电池正负极切勿接反。

7）当天线置于楼顶、高标及其他设施的顶端作业时，应采取加固措施，雷雨天气时应有避雷设施或停止观测。

8）接收机在室内存放期间，室内应定期通风，每隔1~2个月应通电检查一次，接收机内电池要保持充满电状态，外接电池应按电池要求按时充电。

9）严禁拆卸接收机各部件，天线电缆不得擅自切割改装、改换型号或接长。如发生故障，应认真记录并报有关部门，请专业人员维修。

课题 4 GPS 外业施测

一、外业观测的基本技术要求

2009 年国家质量监督检验检疫总局、国家标准化管理委员会发布的国家标准《全球定位系统（GPS）测量规范》（GB/T 18314—2009）和 2010 年住房和城乡建设部发布的行业标准《全球定位系统城市测量技术规范》（CJJ/T 73—2010）中对观测工作的基本要求分别见表 7-12 和表 7-13。

表 7-12 B、C、D 和 E 级网测量的基本技术要求（GB/T 18314—2009）

项　　目	级　　别			
	B	C	D	E
卫星截止高度角（°）	10	15	15	15
同时观测有效卫星数/个	≥4	≥4	≥4	≥4
有效观测卫星总数/个	≥20	≥6	≥4	≥4
观测时段数	≥3	≥2	≥1.6	≥1.6
时段长度	≥23h	≥4h	≥60min	≥40min
采样间隔/s	30	10~30	10~30	10~30

注：1. 有效卫星指连续观测不短于一定时间的卫星，对于 B、C、D 和 E 级 GPS 网测量，该时间为 15min。

2. 计算有效卫星数时，应将各时段的有效观测卫星数扣除重复卫星数。

3. 时段长度为从开始记录数据至结束记录之间的时间段。

4. 观测时段数≥1.6 是指采用网观测模式时，每测站至少观测一时段，其中至少 60% 的测站至少观测两个时段。

表 7-13 二等、三等、四等，一级、二级网测量的基本技术要求（GJJ/T 73—2010）

项 目	等级 观测方法	二等	三等	四等	一级	二级
卫星高度角（°）	静态	≥15	≥15	≥15	≥15	≥15
有效观测同类卫星数	静态	≥4	≥4	≥4	≥4	≥4
平均重复设站数	静态	≥2.0	≥2.0	≥1.6	≥1.6	≥1.6
时段长度/min	静态	≥90	≥60	≥45	≥45	≥45
采样间隔/s	静态	10～30	10～30	10～30	10～30	10～30
PDOP 值	静态	<6	<6	<6	<6	<6

二、GPS 卫星预报与观测调度计划

GPS 野外观测工作主要是接收 GPS 卫星信号数据，GPS 观测精度与所接收信号的卫星几何分布及所观测的卫星数目密切相关。而作业的效率与所选用的接收机的数目、观测的时间、观测的顺序密切相关。因此，在进行 GPS 外业观测之前要拟定观测调度计划，这对于保证观测工作的顺利完成、保障观测成果的精度及提高作业效率是极其重要的。

制定观测计划前，首先进行可见 GPS 卫星预报，预报可利用厂家提供的商用软件，输入近期的概略星历（不超过 30 天）和测区的概略坐标及其观测时间，可获得图 7-17 所示的可见 GPS 卫星数和 PDOP（空间位置精度因子）变化图。

由图 7-17 可见，全天任何时候，均可至少同时观测到 5 颗卫星，并且高度角均大于15°。而卫星的几何图形强度 PDOP 随时间不同而变化，在 18：00～22：00 期间，PDOP 值较大。PDOP 的大小直接影响到观测精度，无论是绝对定位或相对定位，其值均不应超过一定要求。表 7-13 列出了不同精度等级的网观测时 PDOP 值的限值。由表中可以看出，当进行GPS 外业观测时，应避开凌晨 2：30～3：30 以及晚上 18：00～22：30 这一时间段。可根据卫星预报，选者最佳观测时段。

最佳观测时间确定后，还应在观测之前根据 GPS 网的点位、交通条件编制观测调度计划，按计划对各作业组进行调度。

例如，对图 7-18 中某市 GPS 网进行观测。采用 3 台 GPS 接收机按静态相对定位模式作业，每天观测 3 个时段，每个时段观测 1.5h。按此计划共观测 4d，11 个时段，共设测站 33个，除 6 号点设站 3 次外，其余各点都设站 2 次，具体调度计划参见表 7-14。在作业中，还可根据实际情况适当调整调度计划。

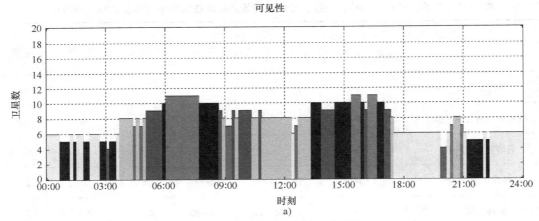

测站 接近：Beijing China 北 40°7′ 东115°23′　　高程 0m　截止高度角 10° 障碍物0%
时间 2012-5-16 00:00-2012-5-17 00:00(GMT+8.0h)　　卫星28 GPS 28 [Almanac.alm]

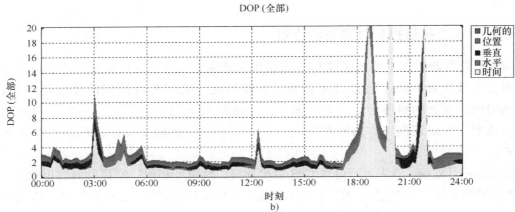

测站 接近：Beijing China 北 40°7′ 东115°23′　　高程 0m　截止高度角 10° 障碍物0%
时间 2012-5-16 00:00-2012-5-17 00:00(GMT+8.0h)　　卫星28 GPS 28 [Almanac.alm]

图 7-17　可见卫星数 PDOP 变化图

a）可见 GPS 卫星数　b）PDOP 变化图

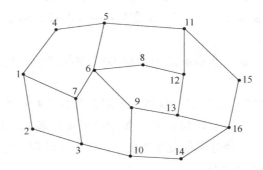

图 7-18　某市 GPS 网设计图

表 7-14 某 GPS 网测站作业调度计划

日 期	时间及时段	仪器序列号		
		041098337	041098345	041098320
9 月 1 日	8:30 ~ 10:00 时段	4	1	2
	10:30 ~ 12:00 时段	7	3	2
	2:00 ~ 3:30 时段	7	6	1
9 月 2 日	8:30 ~ 10:00 时段	5	6	4
	11:00 ~ 12:30 时段	9	6	8
	2:30 ~ 4:00 时段	9	10	13
9 月 3 日	9:00 ~ 10:30 时段	3	10	14
	1:30 ~ 3:00 时段	16	15	14
	4:00 ~ 5:30 时段	16	12	13
9 月 4 日	8:30 ~ 10:00 时段	11	12	8
	1:00 ~ 2:30 时段	11	15	5
	3:30 ~ 5:00 时段	9	10	13

三、外业观测工作

外业观测工作包括天线安置、开机观测、观测记录和观测数据检查等。

1. 天线安置

天线精确安置是实现精确定位的重要条件之一，因此要求天线尽量利用三脚架安置在标志中心的垂线方向上直接对中观测，一般最好不要进行偏心观测。对于有观测墩的强制对中点，应将天线直接强制对中到中心。

对天线进行整平，使基座上的圆水准气泡居中。天线定向标志线指向正北。定向误差不大于 ±5°。

天线安置后，应在各观测时段前后各量测天线高一次。两次测量结果之差不应超过 3mm，并取其平均值。

天线高指的是天线相位中心至地面标志中心之间的垂直距离。而天线相位中心至天线底面之间的距离在天线内部无法直接测定，由于其是一个固定常数，通常由厂家直接给出，天线底面至地面标志中心的高度可直接测定，两部分之和为天线高。

对于有觇标、钢标的标志点，安置天线时应将觇标顶部拆除，以防止 GPS 信号的遮挡，也可采用偏心观测，归心元素应精确测定。

2. 开机观测

GPS 定位观测主要是利用接收机跟踪接收卫星信号，储存信号数据，并通过对信号数据的处理获得定位信息。

利用 GPS 接收机作业的具体操作步骤和方法，随接收机的类型和作业模式不同而有所差异。总体而言，GPS 接收机作业的自动化程度很高，随着其设备软硬件的不断改善发展，性能和自动化程度将进一步提高，需要人工干预的地方越来越少，作业将变得越来越简单。

尽管如此，作业时仍需注意以下问题：

1）首先使用某种接收机前，应认真阅读操作手册，作业时应严格按操作要求进行。

2）在启动接收机之前，首先应通过电缆将外接电源和天线连接到接收机专门接口上，并确认各项连接准确无误。

3）为确保在同一时间段内获得相同卫星的信号数据，各接收机应按观测计划规定的时间作业，且各接收机应具有相同获取信号数据的时间间隔（采样间隔）。

4）接收机跟踪锁住卫星，开始记录数据后，如果能够查看，作业员应注意查看有关观测卫星数量、相位测量残差、实时定位结果及其变化和存储介质的记录情况。

5）在一个观测时段中，一般不得关闭并重新启动接收机，不准改变卫星高度角限值、数据采样间隔及天线高的参数值。

6）在出测前应认真检查电源电量是否饱满，作业时应注意供电情况，一旦听到低电压报警要及时更换电池，否则可能会造成观测数据被破坏或丢失。

7）在进行长距离或高精度 GPS 测量时，应在观测前后测量气象元素，如观测时间长，还应在观测中间加测气象元素。

8）每日观测结束后，应及时将接收机内存中的数据传输到计算机中，并保存在软、硬盘中，同时还需检查数据是否正确完整。当确定数据无误且记录保存后，应及时清除接收机内存中的数据，以确保下次观测数据的记录有足够的存储空间。

3. 观测记录

GPS 接收机获取的卫星信号由接收机内置的存储介质记录，其中包括：载波相位观测值及相应的观测历元，伪距观测值，相应的 GPS 时间、GPS 卫星星历及卫星钟差参数，测站信息及单点定位近似坐标值。

在观测场所，观测者还应填写观测手簿，其记录格式和内容见表 7-15。对于测站间距离小于 10km 的边长，可不必记录气象元素。为保证记录的准确性，必须在作业过程中及时填写，不得测后补记。

表 7-15　GPS 测量记录格式

点　　号		点　　名		图　　幅	
观测员		记录员		观测月日/ 年积日	
接收设备		天气状况		近似位置	
接收机类型及号码		天气		纬度	
天线号码		风向		经度	
存储介质编号		风力		高程	
天线高/m	测前		观测时间	开始记录	
	测后			结束记录	
	平均值			总时段序号	
				日时段序号	

（续）

气象元素				观测记事
时间	气压/10^2Pa	干温/℃	湿温/℃	

课题5　GPS 数据处理

一、数据处理的操作步骤

GPS 接收机采集记录的是 GPS 接收机天线至卫星的伪距、载波相位和卫星星历等数据。如果采样间隔为 15s，则每 15s 记录一组观测值，一台接收机连续观测 1h 将有 240 组观测值。观测值中包含对 4 颗以上卫星的观测数据以及地面气象观测数据等。GPS 数据处理就是从原始观测值出发得到最终的测量定位成果，其数据处理过程大致可划分为数据传输、格式转换（可选）、基线解算和网平差以及 GPS 网与地面网联合平差等四个阶段。数据处理流程如图 7-19 所示。

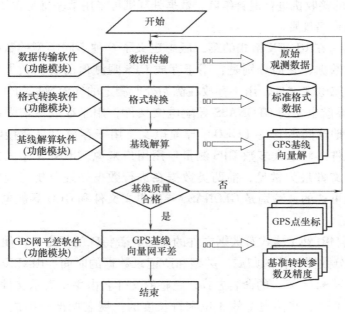

图 7-19　数据处理流程

本课题重点介绍格式转换、基线解算、网平差计算和 GPS 高程计算的原理和方法，不涉及软件操作。

二、数据格式转换

1. RINEX 格式

GPS 数据处理时，所采用的观测数据来自野外观测的 GPS 接收机。接收机在野外进行观测时，通常将所采集的数据记录在接收机的内部存储器或可移动的存储介质中。在完成观测后，需要将数据传输到计算机中，以便进行处理分析，这一过程通常是利用 GPS 接收机厂商所提供的数据传输软件来进行的，传输到计算机中的数据一般采用 GPS 接收机厂商所定义的专有格式以二进制文件的形式进行存储。一般来说，不同 GPS 接收机厂商所定义的专有格式各不相同，有时甚至同一厂商不同型号仪器的专有格式也不相同。专有格式具有存储效率高、各类信息齐全的特点，但在某些情况下，如在一个项目中采用了不同接收机进行观测时，却不方便进行数据处理分析，因为数据处理分析软件能够识别的格式是有限的。

RINEX（Recerver Independent Exchange format，与接收机无关的交换格式）是一种在 GPS 测量中普遍采用的标准数据格式，该格式采用文本文件的形式存储数据，数据记录格式与接收机的制造厂商和具体型号无关。

现在，RINEX 格式已经成为了 GPS 测量应用中的标准数据格式，几乎所有测量型 GPS 接收机厂商都能提供将其专有格式文件转换为 RINEX 格式文件的工具，而且几乎所有的数据分析处理软件都能直接读取 RINEX 格式的数据。这意味着在实际观测作业中可以采用不同厂商、不同型号的接收机进行混合编队，数据处理则可采用某一特定软件进行。

2. 文件类型及命名规则

（1）文件类型　在 RINEX 格式的第二版中定义了 6 种不同类型的数据文件，分别用于存放不同类型的数据，它们分别是：用于存放 GPS 观测值的观测数据文件，用于存放 GPS 导航电文的导航电文文件，用于存放在测站处所测定的气象数据的气象数据文件，用于存放 GLONASS 导航电文的 GLONASS 导航电文文件，用于存放在增强系统中搭载有类 GPS 信号发生器的地球同步卫星（GEO）导航电文，用于存放卫星和接收机时钟信息的卫星和接收机钟文件。对于大多数 GPS 测量应用用户来说，RINEX 格式的观测数据、导航电文和气象数据文件最为常见，前两类数据在进行数据处理分析时通常是必需的，其他类型的数据则是可选的，特别是 GLONASS 导航电文文件和 GEO 导航电文文件平时并不多见。

（2）命名规则　RINEX 格式对数据文件的命名有着特殊的规定，以便用户仅通过文件名就能很容易地区分数据文件的归属、类型和所记录数据的时间。RINEX 格式的数据文件采用 ＊＊＊＊＊＊＊＊.＊＊＊ 的命名方式，完整的文件名由用于表示文件归属的 8 字符长度的主文件名和用于表示文件类型的 3 位字符长度的扩展名两部分组成，其具体形式为：ssssdddf. yyt。

形式中各字母的含义如下：

1）ssss：4 字符长度的测站代码。

2）ddd：文件中第一个记录所对应的年积日。

3）f：一天内的文件序号，有时也称为时段号。取值为 0 ~ 9、A ~ Z。当为 0 时，表示文件包含了当天所有的数据。注意，文件序号的编列是以整个项目在一天内的同步观测时段为基础，而不是以某台接收机在一天之内的观测时段为基础。

4）yy：年份。

5）t：文件类型，为下列字母中的一个：

① O——观测值数据文件。

② N——GPS 导航电文文件。

③ M——气象数据文件。

④ G——GLONASS 导航电文文件。

⑤ H——地球同步卫星 GPS 有效荷载导航电文文件。

⑥ C——钟文件。

例如：文件名为 CQGC0890. 12O 的 RINEX 格式数据文件，为点 CQGC 在 2012 年 3 月 30 日（年积日为 89）整天的观测值数据文件；而数据文件名为 CQGC0890. 12N 的 RINEX 格式数据文件，则相应为在该点上进行观测接收机所记录的 GPS 导航电文文件。

三、外业数据预处理、质量检核与外业返工

1. 数据预处理

GPS 数据预处理的目的是：对数据进行平滑滤波检验、剔除粗差；统一数据文件格式，并将各类数据文件加工成标准化文件（如 GPS 卫星轨道方程的标准化、卫星时钟钟差标准化，观测值文件标准化等）；找出整周跳变点并进行修复；对观测值进行各种模型改正；为进一步的平差计算作准备。数据预处理的基本内容如下：

（1）数据传输　将 GPS 接收机记录的观测数据传输到磁盘或其他介质上。

（2）手簿输入　将外业记录手簿中的点名、点号、天线高等信息输入到数据处理软件中。

（3）数据分流　从原始记录中，通过解码将各种数据分类，剔除无效观测值和冗余信息，形成各种数据文件，如星历文件、观测数据文件、测站信息文件等。这项工作往往是由接收机或数据处理软件自动完成的。

（4）统一文件格式　将不同类型接收机的数据记录格式、项目和采样间隔，统一为标准化的文件格式，以便统一处理。

（5）卫星轨道的标准化　采用多项式拟合法平滑 GPS 卫星每小时发送的轨道参数，使观测时段的卫星轨道标准化。

（6）探测整周跳变点并修复　探测周跳、修复载波相位观测值。

（7）对观测值进行必要改正　在 GPS 观测值中加入对流层改正，单频接收机的观测值加入电离层改正。

基线向量解算一般是将多测站、多时段的观测数据一并解算，通常选择自动处理的方式进行。具体处理中应注意以下几个问题：

1）白天的野外观测数据的基线解算应在当天晚上进行，以便对不合格的基线进行

返工。

2）基线解算一般采用双差相位观测值，对于边长超过 30km 的基线，解算时也可采用三差相位观测值。

3）基线解算中需输入一个起算点坐标，对该起算点应按以下优先顺序选择：

① 国家 GPS A、B 级网控制点或其他高等级 GPS 网控制点的已有 WGS—84 系坐标。

② 国家或城市较高等级控制点转换到 WGS—84 系后的坐标值。

③ 观测时间不少于 30 分钟的单点定位结果的平差值提供的 WGS—84 系坐标。

4）同一精度等级的 GPS 网，根据基线长度不同，可采用不同的数据处理模式。但是 0.8km 以内的基线须采用双差固定解。30km 以内的基线，可在双差固定解和双差浮点解中选择最优结果。30km 以上的基线，可采用三差解作为基线解算的最终结果。

5）对于同步观测时间短于 30min 的基线，必须采用合格的双差固定解作为基线解算的最终结果。

2. 观测成果的外业检核

对野外观测资料首先要进行复查，内容包括：成果是否符合调度命令和规范要求；所得的观测数据质量分析是否符合实际。然后进行下列项目的检查：

（1）每个时段同步观测数据的检核

1）数据剔除率。剔除的观测值个数与应获得的观测值个数的比值称为数据剔除率。同一时段的数据剔除率应小于 10%。

2）采用单基线处理模式时，对于采用同一种数学模型的基线，其同步时段中任一三边同步环应满足式（7-12）的要求。

$$W_X、W_Y、W_Z \leqslant \frac{\sqrt{n}\sigma}{5} \qquad (7\text{-}12)$$

式中　　W_X、W_Y、W_Z——X、Y、Z 坐标分量相对闭合差；

$\qquad\qquad n$——多边形的边数；

$\qquad\qquad \sigma$——GPS 网相应级别规定的观测精度。

（2）异步环检验　无论采用单基线模式或多基线模式解算基线，都应在整个 GPS 网中选取一组完全的独立基线构成独立环，各独立环的坐标分量闭合差和全长闭合差应符合下式的规定：

$$W_X、W_Y、W_Z = 3\sqrt{n}\sigma \qquad (7\text{-}13)$$

当发现同步环、异步环和重复基线闭合差超限时，应分析原因并对其中部分或全部成果重测，而需要重测的基线，应尽量安排在一起进行同步观测。

（3）重复基线检查　同一条基线进行了多次观测，可得多个基线向量值，这种具有多个独立观测结果的基线称为重复基线。对于重复基线的任意两个时段的成果互差，不得超过 $2\sqrt{2}\sigma$。在这里：σ 是按相应精度等级的平均基线长度计算的基线长度中误差。

3. 外业返工

对经过检核超限的基线，在充分分析基础上，进行野外返工观测。基线返工应注意以下几个问题：

1）无论何种原因造成一个控制点不能与两条合格独立基线相连接，则在该点上应补测或重测不少于一条的独立基线。

2）可以舍弃在重复基线检验、同步环检验、异步环检验中超限的基线，但必须保证舍弃基线后的独立环所含基线数不超过规范的规定，否则，应重测该基线或者有关的同步图形。

3）由于点位不符合 GPS 测量要求而造成一个测站多次重测仍不能满足各项限差规定时，可按技术设计要求另增选新点进行重测。

四、基线向量解算

1. 基线解算的基本原理

（1）双差观测方程与误差方程　设在测站 1、2 同时对卫星 k、j 进行了载波相位测量，则双差观测值模型为：

$$DD_{12}^{kj}(t_i) = \varphi_2^j(t_i) - \varphi_1^j(t_i) - \varphi_2^k(t_i) + \varphi_1^k(t_i) \tag{7-14}$$

$$= -f/c(\Delta\rho_{12}^j - \delta\rho_2^j + \delta\rho_1^j) + f/c(\Delta\rho_{12}^k - \delta\rho_2^k + \delta\rho_1^k) + N_{12}^{kj}$$

利用向量计算方法，对上式进行整理并线性化，可写出误差方程的最终形式：

$$V_{12}^{kj}(t_i) = a_{12}^{jk}\delta x_{12} + b_{12}^{jk}\delta y_{12} + c_{12}^{jk}\delta z_{12} + \delta N_{12}^{kj} + W_{12}^{kj} \tag{7-15}$$

式中，卫星 k、j 在选择 $k=1$ 的卫星为参考时，$j=2$，3，4，…。对于 $k=1$、$j=2$，$k=1$、$j=3$，…，其双差观测值方程可仿照式（7-15）写出。对不同观测历元，可分别列出类似的一组误差方程。

（2）法方程的组成与解算　在 t_i 历元，在 1、2 测站上观测了 k 个卫星，可列出 $k-1$ 个误差方程。如在 1、2 测站上连续观测 M 个历元，则共有 $n=M(k-1)$ 个误差方程。

将所有误差方程写成矩阵形式：

$$V = AX + L \tag{7-16}$$

式中

$$V = (V_1 \quad V_2 \quad \cdots \quad V_n)^T$$
$$X = (\delta X \quad \delta Y \quad \delta Z \quad \delta N_1 \quad \delta N_2 \quad \cdots \quad \delta N_{k-1})^T$$
$$L = (W_1 \quad W_2 \quad \cdots \quad W_n)^T$$

由误差方程组成法方程：

$$A^TAX + A^TL = 0 \tag{7-17}$$

解此式可得 X：

$$X = (A^TA)^{-1}(A^TL) \tag{7-18}$$

基线向量坐标平差值和整周未知数平差值分别为：

$$\begin{cases} \Delta x_{12} = \Delta x_{12}^0 + \delta x_{12} \\ \Delta y_{12} = \Delta y_{12}^0 + \delta y_{12} \\ \Delta z_{12} = \Delta z_{12}^0 + \delta z_{12} \end{cases} \tag{7-19}$$

$$N_i = N_i^0 + \delta N_i \qquad (i = 1, 2, \cdots, k-1) \tag{7-20}$$

若已知 1 点坐标，可求得 2 点坐标为：

$$\begin{cases} x_2 = x_1 + \Delta x_{12} + \delta x_{12} \\ y_2 = y_1 + \Delta y_{12} + \delta y_{12} \\ z_2 = z_1 + \Delta z_{12} + \delta z_{12} \end{cases} \tag{7-21}$$

以上介绍了单基线解算方法，它是将网中的观测基线逐条解算的。基线解算还可采用多基线解算方法。所谓多基线解算就是将所有同步观测的独立基线一并解算。采用多基线解算方法可解决各同步观测基线的误差相关问题。

（3）整周未知数的确定　式（7-20）给出了整周未知数解算的基本方法。事实上，由于 GPS 观测量受对流层折射、电离层折射、电磁波干扰、多路径等多种误差影响，而这些误差要比载波波长大得多，因而使解算出的整周未知数误差校大。为了提高整周未知数的解算精度，目前多采用搜索法。其步骤如下：

1）以式（7-20）求得的整周未知数作为初始解，以初始解为中心，以其中误差的若干倍为半径，搜索得到一组整数值的整周未知数，作为整周未知数的备选整数解。

2）从备选整数解中一次选一个值，逐一代入基线解算公式（7-18），求得新的基线解，并计算各基线解对应的单位权中误差。

3）在所求得的一组单位权中误差中，必有一个单位权中误差最小，则最小单位权中误差所对应的基线解就是最终的解算结果，称为固定解。

在出现下面式（7-22）的情况时，认为整周未知数无法确定。

$$\frac{m_{0次小}}{m_{0最小}} \leqslant T \qquad T = \xi_{Ff,f;1-\alpha/2} \tag{7-22}$$

式中，$\xi_{Ff,f;1-\alpha/2}$ 置信水平为 $1-\alpha$ 时 F 分布的接受域，其自由度为 f 和 f_0。

（4）精度评定

1）单位权中误差 m_0。

$$m_0 = \sqrt{\frac{V^T P V}{n-k-2}} \tag{7-23}$$

2）基线向量的坐标分量中误差。

令：

$$Q = (A^T A)^{-1} \tag{7-24}$$

则基线向量坐标分量的权可由 Q 的主对角线元素求得，为：

$$P_i = \frac{1}{Q_{ii}}$$

式中，$i = 1, 2, 3$。

基线向量坐标分量中误差为：

$$m_i = m_0 \sqrt{\frac{1}{P_i}} = m_0 \sqrt{Q_{ii}} \tag{7-25}$$

3）基线长度中误差。

基线长度改正数为：

$$\delta b = (f_1 \quad f_2 \quad f_3) \begin{pmatrix} \Delta X_{12}^0 \\ \Delta Y_{12}^0 \\ \Delta Z_{12}^0 \end{pmatrix} = \boldsymbol{f}^{\mathrm{T}} \Delta \boldsymbol{X}$$

由协因素传播律可得：

$$\boldsymbol{Q}_{bb} = \boldsymbol{f}^{\mathrm{T}} \boldsymbol{Q} \Delta \boldsymbol{X} \boldsymbol{f}$$

则基线长度中误差为：

$$m_b = m_0 \sqrt{|\boldsymbol{Q}_{bb}|} \tag{7-26}$$

4）基线长度相对中误差为：

$$f_b = \frac{m_b}{b \cdot 10^6} \tag{7-27}$$

式中　b——GPS 接收机的比例误差系数。

2. 基线解算阶段的质量控制

（1）质量控制指标

1）单位权中误差。单位权中误差的计算式见式（7-23）。平差后单位权中误差值一般为 0.05 周以下，否则，表明观测值中存在某些问题。例如，可能存在受多路径干扰、外界无线电信号干扰或接收机时钟不稳定等影响的低精度观测值；观测值改正模型不适宜；周跳未被完全修复；整周未知数解算不成功使观测值存在系统误差等。当然单位权中误差较大也可能是由于起算数据存在问题，如存在基线固定端点坐标误差或存在基准数据的卫星星历误差的影响。

2）数据剔除率。基线解算时，如果观测值的改正数超过某一限值，则认为该观测值含有粗差，应将其剔除。数据剔除率越大，说明观测质量越低。

3）RATIO。

$$\mathrm{RATIO} = \frac{m_{0次小}}{m_{0最小}}$$

RATIO 反映了所确定出的整周未知数的可靠性，这一指标取决于多种因素，既与观测值的质量有关，也与观测条件的好坏有关。所谓观测条件是指卫星星座的几何图形和卫星的运行轨迹。

4）RDOP。RDOP 值是指在基线解算时 $\boldsymbol{Q}$ 的迹 $\mathrm{tr}\boldsymbol{Q}$ 的平方根，即：

$$\mathrm{RDOP} = \sqrt{\mathrm{tr}\boldsymbol{Q}}$$

RDOP 的大小与基线位置和卫星在空间的几何分布及运行轨迹（即观测条件）有关。当基线位置确定以后，RDOP 值就只与观测条件有关。而观测条件又是时间的函数，因此，RDOP 值的大小与基线的观测时间段有关。

5）RMS。RMS 由式（7-28）定义：

$$\mathrm{RMS} = \sqrt{\frac{\boldsymbol{V}^{\mathrm{T}} \boldsymbol{P} \boldsymbol{V}}{n-1}} \tag{7-28}$$

式中　　V——基线向量改正数，也叫观测值残差；

P——观测基线的权；

n——观测基线总数。

RMS只与观测值的质量有关，观测值的质量越好，RMS越小。它与观测条件无关。

6）同步环闭合差。同步环闭合差是由同步观测基线所组成的闭合环的闭合差。由于同步观测基线间具有一定的内在联系，从而使得同步环闭合差在理论上应总是为0。由于基线解算的模型误差和数据处理软件的内在缺陷，使得同步环的闭合差实际上不能为0。如果同步环闭合差超限，则说明组成同步环的基线中至少存在一条基线向量是错误的，但反过来，如果同步环闭合差没有超限，还不能说明组成同步环的所有基线在质量上均合格。

7）异步环闭合差。构成闭合环的基线不是由各接收机同步观测的基线，这样的闭合环称为异步环。当异步环闭合差满足限差要求时，则表明组成异步环的基线向量的质量是合格的；当异步环闭合差不满足限差要求时，则表明组成异步环的基线向量中至少有一条基线向量的质量不合格，要确定出哪些基线向量的质量不合格，可以通过多个相邻的异步环或重复基线来进行。

8）重复基线较差。不同观测时段对同一条基线的观测结果，就是所谓重复基线。这些观测结果之间的差异，就是重复基线较差。

（2）质量控制指标的应用　　RATIO、RDOP和RMS这几个质量指标只具有某种相对意义，它们数值的高低不能绝对地说明基线质量的高低。若RMS偏大，则说明观测值质量较差，若RDOP值较大，则说明观测条件较差。

3. 影响GPS基线解算结果的主要因素及其对策

（1）影响GPS基线解算结果的主要因素

1）基线解算时所设定的起点坐标不准确。起点坐标不准确，会导致基线出现尺度和方向上的偏差。

2）少数卫星的观测时间太短，导致这些卫星的整周未知数无法准确确定。当卫星的观测时间太短时，会导致与该颗卫星有关的整周未知数无法准确确定。而对于基线解算来说，如果与参与计算的卫星相关的整周未知数没有准确确定的话，就将影响整个GPS基线解算结果。

3）在整个观测时段里，有个别时间段里周跳太多，致使周跳修复不完善。

4）在观测时段内，多路径效应比较严重，观测值的改正数普遍较大。

5）对流层或电离层折射影响过大。

（2）影响GPS基线解算结果因素的判别及应对措施

1）影响GPS基线解算结果因素的判别。对于影响GPS基线解算结果因素，有些是较容易判别的，如卫星观测时间太短、周跳太多、多路径效应严重、对流层或电离层折射影响过大等；但对于另外一些因素却不好判断，如起点坐标不准确。

① 基线起点坐标。对于由起点坐标不准确对基线解算质量造成的影响，目前还没有较容易的方法来加以判别，因此在实际工作中，只有尽量提高起点坐标的准确度，以避免这种

情况的发生。

② 卫星观测时间短的判别。关于卫星观测时间太短这类问题的判断比较简单，只要查看观测数据的记录文件中有关每个卫星的观测数据的数量就可以了，有些数据处理软件还可以输出卫星的可见性图，这就更直观了。

③ 周跳太多的判别。对于卫星观测值中周跳太多的情况，可以从基线解算后所获得的观测值残差上来分析。目前，大部分的基线处理软件一般采用双差观测值，当在某测站对某颗卫星的观测值中含有未修复的周跳时，与此相关的所有双差观测值的残差都会出现显著的整数倍增大。

④ 多路径效应严重、对流层或电离层折射影响过大的判别。对于多路径效应、对流层或电离层折射影响的判别，也是通过观测值残差来进行的。不过与整周跳变不同的是，当多路径效应严重、对流层或电离层折射影响过大时，观测值残差不是像周跳未修复那样出现整数倍的增大，而只是出现非整数倍的增大，一般不超过一周，但却又明显地大于正常观测值的残差。

2）应对措施。

① 基线起点坐标不准确的应对方法。要解决基线起点坐标不准确的问题，可以在进行基线解算时，使用坐标准确度较高的点作为基线解算的起点，较为准确的起点坐标可以通过进行较长时间的单点定位或通过与 WGS—84 坐标较准确的点联测得到，也可以采用在进行整网的基线解算时，所有基线起点的坐标均由一个点坐标衍生而来，使得基线结果均具有某一系统偏差，然后在 GPS 网平差处理时，引入系统参数的方法加以解决。

② 卫星观测时间短的应对方法。若某颗卫星的观测时间太短，则可以删除该卫星的观测数据，不让它们参加基线解算，这样可以保证基线解算结果的质量。

③ 周跳太多的应对方法。若多颗卫星在相同的时间段内经常发生周跳，则可采用删除周跳严重的时间段的方法来尝试改善基线解算结果的质量，若只是个别卫星经常发生周跳，则可采用删除经常发生周跳的卫星的观测值的方法来尝试改善基线解算结果的质量。

④ 多路径效应严重。由于多路径效应往往造成观测值残差较大，因此可以通过缩小编辑因子的方法来剔除残差较大的观测值。另外，也可以采用删除多路径效应严重的时间段或卫星的方法。

⑤ 对流层或电离层折射影响过大的应对方法。对于对流层或电离层折射影响过大的问题，可以采用下列方法：

a）提高截止高度角，剔除易受对流层或电离层影响的低高度角观测数据。但这种方法具有一定的盲目性，因为高度角低的信号不一定受对流层或电离层的影响就大。

b）分别采用模型对对流层和电离层延迟进行改正。

c）如果观测值是双频观测值，则可以使用消除了电离层折射影响的观测值来进行基线解算。

五、GPS 网的三维平差[一]

GPS 控制网是由相对定位所求得的基线向量而构成的空间基线向量网，在 GPS 控制网的平差中，是以基线向量及协方差为基本观测量。通常采用三维无约束平差、三维约束平差及三维联合平差三种平差模型。

1. 三维无约束平差

所谓三维无约束平差，就是在 WGS—84 三维空间直角坐标系中，GPS 控制网中只有一个已知点坐标的情况下所进行的平差。三维无约束平差的主要目的是考察 GPS 基线向量网本身的内符合精度以及考察基线向量之间有无明显的系统误差和粗差，其平差无外部基准，或者引入外部基准，但并不会由其误差使控制网产生变形和改正。由于 GPS 基线向量本身提供了尺度基准和定向基准，故在 GPS 网平差时，只需提供一个位置基准。因此网不会因为该基准误差而产生变形，所以是一种无约束平差。

GPS 网的三维无约束平差的意义有以下三个方面：

1）改善 GPS 网的质量，评定 GPS 网的内部符合精度。通过网平差，可得出一系列可用于评估 GPS 网精度的指标，如观测值改正数、观测值验后方差、观测值单位权方差、相邻点距离中误差、点位中误差等，从而发现和剔除 GPS 观测值中可能存在的粗差。由于三维无约束平差的结果完全取决于 GPS 网的布设方法和 GPS 观测值的质量，因此三维无约束平差的结果就完全反映了 GPS 网本身的质量好坏，如果平差结果质量不好，则说明 GPS 网的布设或 GPS 观测值的质量有问题；反之，则说明 GPS 网的布设或 GPS 观测值的质量没有问题。结合这些精度指标，还可以设法确定出质量不佳的观测值，并对它们进行相应的处理，从而达到改善网的质量的目的。

2）消除由观测量和已知条件中所存在的误差而引起的 GPS 网在几何上的不一致。由于观测值中存在误差以及数据处理过程中存在模型误差等因素，因此通过基线解算得到的基线向量中必然存在误差，另外，起算数据也可能存在误差。这些误差将使得 GPS 网存在几何上的不一致，它们包括：闭合环闭合差不为 0；复测基线较差不为 0；通过由基线向量所形成的闭合环和附合路线，将坐标由一个已知点传算到另一个已知点的符合差不为 0 等。通过网平差，可以消除这些不一致，得到 GPS 网中各个点经过了平差处理的三维空间直角坐标。

在进行 GPS 网的三维无约束平差时，如果指定网中某点准确的 WGS—84 坐标系的三维坐标作为起算数据，则最后可得到 GPS 网中各个点经过了平差处理的 WGS—84 坐标系中的坐标。

3）确定 GPS 网中点在指定参照系下的坐标以及其他所需参数的估值。在网平差过程中，通过引入起算数据，如已知点、已知边长、已知方向等，可最终确定出点在指定参照系下的坐标及其他一些参数，如基准转换参数等。

[一] 有兴趣的读者可以查阅相关资料进行 GPS 网三维平差原理的学习，在这里均作省略处理。——编者注

4）为将来可能进行的高程拟合提供经过了平差处理的大地高数据。用 GPS 水准替代常规水准测量获取各点的正高或正常高是目前 GPS 应用中一个较新的领域，现在一般采用的是利用公共点进行高程拟合的方法。在进行高程拟合之前，必须获得经过平差的大地高数据，三维无约束平差可以提供这些数据。

2. 三维约束平差

所谓三维约束平差，就是指以国家大地坐标系或地方坐标系的某些固定点的坐标、固定边长及固定方位为网的基准，并将其作为平差中的约束条件，在平差计算中考虑 GPS 网与地面网之间的转换参数。

GPS 网的三维约束平差主要作用是：确定 GPS 网中各个点在国家大地坐标系或在指定参照系中经过了平差处理的三维空间直角坐标以及其他所需参数的估值。通过引入起算数据如已知点、已知边长等，可最终确定出点在指定参照系中的坐标及其他一些参数，如基准转换参数等。在进行 GPS 网的三维约束平差时，如果配置足够数量的国家大地坐标系或地方坐标系基准数据作为 GPS 网的约束起算数据，则最后可得到的 GPS 网中各个点经过了平差处理的在国家大地坐标系或地方坐标系中的坐标。

国家大地坐标系或地方坐标系约束基准数据的数量与质量以及在网中的分布均对平差结果精度产生影响。一般来说，平差前必须选择满足要求的基准数据，获得经过平差的大地高数据，而三维无约束平差正好可以提供这些数据。

3. GPS 网与地面网的三维联合平差

三维联合平差是除了顾及上述 GPS 基线向量的观测方程和作为基准的约束条件外，同时顾及地面中的常规观测值（如方向、距离、天顶距等）的平差。

经过 GPS 网与地面网的联合差，可使新布设的 GPS 网与地面原有的控制网构成一个整体，使其精度能够较均匀地分布，消除新旧网结合部的缝隙。

GPS 三维平差的主要流程如图 7-20 所示。在 GPS 网三维平差中，首先应进行三维无约束平差，平差后通过观测值改正数检验，发现基线向量中是否存在粗差，并剔除含有粗差的基线向量，再重新进行平差，直至确定网中没有粗差后，再对单位权方差因子进行 σ^2 检验，判断平差的基线向量随机模型是否存在误差，并对随机模型进行改正，以提供较为合适的平差随机模型；然后对 GPS 网进行约束平差或联合平差，并对平差中加入的转换参数进行显著性检验，对于不显著的参数应剔除，以免破坏平差方程的性态。

六、GPS 网的二维平差

由于大多数工程及生产实用坐标系均采用平面坐标和正常高程坐标系统，因此，将 GPS 基线向量投影到平面上，进行二维平面约束平差是十分必要的。由于 GPS 基线向量网二维平差应在某一参考椭球面或某一投影平面坐标系上进行。因此，平差前必须将 GPS 三维基线向量观测值及其协方差阵转换投影至二维平差计算面上，也就是从三维基线向量中提取二维信息，在平差计算面上构成一个二维 GPS 基线向量网。

GPS 基线向量网二维平差也可分为无约束平差、约束平差和联合平差三类，平差原理及

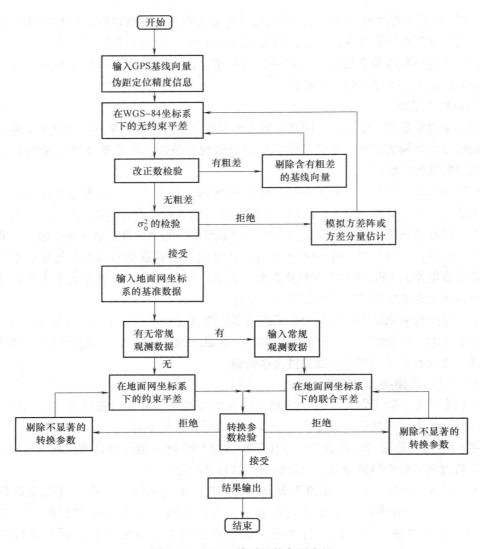

图 7-20　GPS 三维平差的主要流程

方法均与三维平差相同。由二维约束平差和联合平差获得的 GPS 平面成果，就是国家坐标系中或地方坐标系中具有传统意义的控制成果。在平差中的约束条件往往是由地面网与 GPS网重合的已知点坐标，这些作为基准的已知点的精度或它们之间的兼容性是必须保证的。否则由于基准本身误差太大互不兼容，将会导致平差后的 GPS 网产生严重变形，精度大大降低。因此，在平差中，应通过检验发现并淘汰精度低且不兼容地面网的已知点，再重新平差。

　　在三维基线向量转换成二维基线向量中，应避免地面网中大地高程不准确引起的尺度误差和 GPS 网变形，以保证 GPS 网转换后整体及相对几何关系不变。因此，可采用在一点上实行位置强制约束，在一条基线的空间方向上实行方向约束的三维转换方法，也可在一点上实行位置强制约束，在一条基线的参考椭球面投影的法截弧和大地线方向上实行定向约束的准三维转换方法，使得转换后的 GPS 网与地面网在一个基准点上和一条基线上的方向完全一致，而两网之间只存在尺度比差和残余定向差。

七、GPS 高程测量

由 GPS 相对定位得到的基线向量，经平差后可得到高精度的大地高程。若网中有一点或多点具有精确的 WGS—84 大地坐标系的大地高程，则在 GPS 网平差后，即可得各 GPS 点的 WGS—84 大地高程。然而在实际应用中，地面点一般采用正常高程系统。因此，应找出 GPS 点的大地高程同正常高程的关系，并采用一定模型进行转换。

在 GPS 相对定位中，高程的相对精度一般可达 $(2\sim3)\times10^{-6}$，在绝对精度方面，对于 10km 以下的基线边长，可达几个厘米，如果在观测和计算时采用一些消除误差的措施，其精度将优于 1cm。然而，将 GPS 所测的大地高转换为正常高时，会产生显著误差。

1. 多项式曲面拟合法的精度

（1）内符合精度　为了能应用多项式曲面拟合法求得 GPS 点的高程，应在 GPS 网中选择足够数目的点，用精密水准测量的方法测出其水准高程，这些点称为重合点。重合点的数目不能少于所选计算模型中未知参数的数目。

由重合点的大地高和正常高求得拟合参数后，便可求得其他 GPS 点的正常高。为了检核所得 GPS 点正常高的可靠性，还应在 GPS 网周围连测若干几何水准点。

设参与拟合参数计算的已知点高程异常为 ζ_i，高程异常的拟合值为 ζ'_i，其改正数为 $V_i = \zeta'_i - \zeta_i$，可按下式计算 GPS 水准拟合的内符合精度 μ：

$$\mu = \pm\sqrt{\frac{[VV]}{n-1}} \tag{7-29}$$

式中　n——V 的个数（即重合点的个数）。

（2）外符合精度　设检核点的高程异常为 ζ_i，其高程异常拟合值为 ζ'_i，两者之差为 V_i，按下式计算 GPS 水准的外符合精度 M：

$$M = \pm\sqrt{\frac{[VV]}{n-1}} \tag{7-30}$$

式中　n——检核点的个数。

（3）GPS 水准精度评定

1）根据检核点与已知点的距离 L，检核点拟合残差的限值，见表 7-16，据此可评定 GPS 水准所能达到的精度。

表 7-16　GPS 水准限差

等　　级	允许残差/mm
三等几何水准	$\pm12\sqrt{L}$
四等几何水准	$\pm20\sqrt{L}$
普通几何水准	$\pm30\sqrt{L}$

2）用 GPS 水准求出的 GPS 点间的正常高高差，在已知点间组成附合或闭合路线，按计算的闭合差与表 7-16 中的允许残差比较，来衡量 GPS 水准的精度。

（4）外围点的精度估算　各种拟合模型都不宜外推，但在实际工作中，测区的 GPS 点不可能全部都包含在已知点连成的几何图形内。对这些外围点，GPS 水准计算时只能外推，外推点的残差 V 按下式来估算：

$$V = a + cD \tag{7-31}$$

式中

$$\begin{cases} c = \dfrac{\sum D - \sum D \dfrac{\sum V}{n}}{\sum D^2 - \dfrac{(\sum D)^2}{n}} \\[4mm] a = \dfrac{\sum V}{n} - c \dfrac{\sum D}{n} \end{cases}$$

D 是待求点至最近已知点的距离。

按式（7-31）计算出残差 V，根据式（7-30）估算精度。

2. GPS 几何水准的布设原则

1）测区联测几何水准点的点数，视测区的大小和测区似大地水准面变化情况而定。一般地区能每 $20 \sim 30 km^2$ 联测一个几何水准点为宜，平原地区可少一些，山区应多一些。一个局部 GPS 网中最小联测几何水准的点数，不能少于选用计算模型中未知参数的个数。

2）联测几何水准点的点位，应均匀布设于测区。测区周围应有几何水准联测点，由这些已知点连成的多边形，应包围整个测区。这是因为拟合不宜外推，否则会发生振荡。

3）若测区有明显的几种趋势地形，对地形突变部位的 GPS 点，应联测几何水准点。

3. 提高 GPS 水准测量的措施

（1）提高大地高的测量精度

1）提高基线解算的起算点坐标精度。基线解算的起算点坐标有 10m 误差，会引起 GPS 点的高程产生 10mm 的误差。因此，应尽量采用国家 A、B 级 GPS 网点作为基线解算的起算点。

2）采用精密星历。用精密星历比用广播星历可提高精度 34%。

3）选用双频接收机。

4）观测时段应选择最佳卫星分布，即 *PDOP* 最小。

5）减弱多路径误差和对流层折射误差。

6）大于 10km 的基线应实测气象参数。

（2）提高几何水准的精度　一般应采用三等几何水准联测 GPS 点。

（3）提高转换参数的精度　可用国家 A、B 级 GPS 点求转换参数。

（4）提高拟合计算的精度

1）合理布设已知点。

2）选用合适的拟合模型。

3）对含有不同趋势地形的大测区，可采用分区计算的办法。

八、GPS 技术总结

1. 技术总结的作用

在完成了 GPS 网的布设后，应该认真完成技术总结。每项 GPS 工程的技术总结不仅是工程一系列必要文档的主要组成部分，而且它还能够使各方面对工程的各个细节有充分的了解，从而便于今后对成果全面地加以利用。另一方面，通过对整个工程的总结，测量作业单位还能够总结经验，发现不足，为今后的工程提供参考。

2. 技术总结的内容

技术总结需要包含以下内容：

1）项目来源：介绍项目的来源、性质。

2）测区概况：介绍测区的地理位置、气候、人文、经济发展状况、交通条件、通信条件等。

3）工程概况：介绍工程目的、作用、要求、等级（精度）、完成时间等。

4）技术依据：介绍作业所依据的测量规范、工程规范、行业标准等。

5）施测方案：介绍测量所采用的仪器、采取的布网方法等。

6）作业要求：介绍外业观测时的具体操作规程、技术要求等，包括仪器参数的设置（如采样率、截止高度角等）、对中精度、整平精度、天线高的量测方法及精度要求等。

7）作业情况：介绍外业观测时实际遵循的操作规程、技术要求，包括仪器参数的设置（如采样率、截止高度角等）、对中精度、整平精度、天线高的量测方法及精度要求、作业观测情况、工作量、观测成果等。

8）观测质量控制：介绍外业观测的质量要求，包括质量控制方法及各项限差要求等。

9）数据处理情况：介绍数据处理方法、过程、结果及精度统计与分析情况。

10）结论：对整个工程的质量及成果作出结论。

3. 上交成果资料

GPS 工程项目应整理上交以下技术成果资料：

1）测量任务书和专业设计书。

2）点之记、环视图、测量标志委托保管书。

3）接收设备、气象及其他仪器的检验资料。

4）外业观测记录、测量手簿及其他记录。

5）数据处理中生成的文件、资料和成果表。

6）GPS 网展点图。

7）技术总结和成果验收报告。

课题 6　GPS 数据处理软件

一、中海达 HGO 数据处理软件的安装

HGO 数据处理软件包可从光碟和硬盘中直接安装。该软件的运行至少需要 32MB 的内存，200MB 的硬盘。运行安装目录下光盘上的 HGO 中文版 .msi，出现图 7-21 所示的安装向导，单击【下一步】按钮安装直至安装完成，安装完成后在桌面上有快捷方式，双击快捷方式打开软件主界面，如图 7-22 所示。

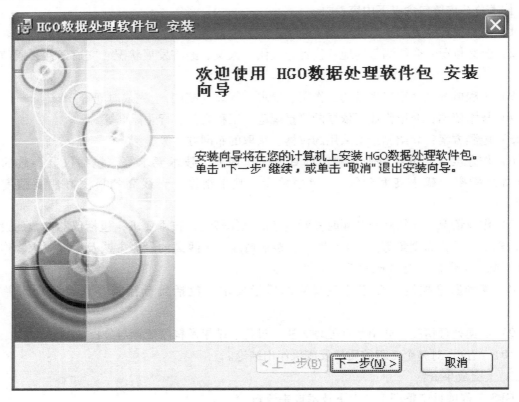

图 7-21　HGO 安装向导

二、新建项目

选择【文件】菜单的【新建项目】进入任务设置窗口，如图 7-23 所示。在【项目名称】中输入项目名称，同时可以选择项目存放的文件夹，【工作目录】中显示的是现有项目文件的路径，单击【确定】按钮完成新项目的创建工作。

项目建立以后，需要对项目的一些参数进行设置。选择【文件】菜单的【项目属性】，系统将弹出【项目属性】对话框，如图 7-24 所示，用户可以设置项目的细节，这里主要是对【限差】选项卡进行设置。

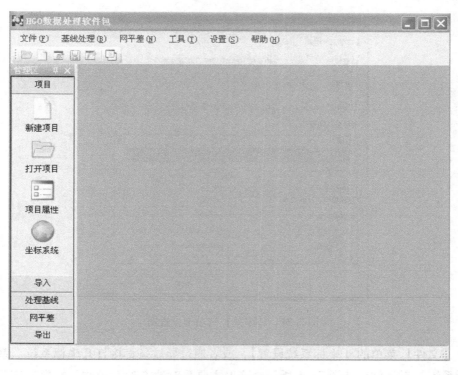

图 7-22　软件主界面

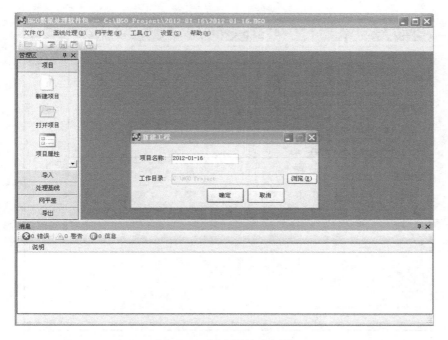

图 7-23　新建项目示意图

图 7-24 【限差】选项卡设置图

选择【文件】菜单的【坐标系统设置】，或者通过导航条直接打开坐标系统。系统将弹出【坐标系统】对话框，如图 7-25 所示，这里主要是对地方参考椭球和投影方法及参数进行设置。

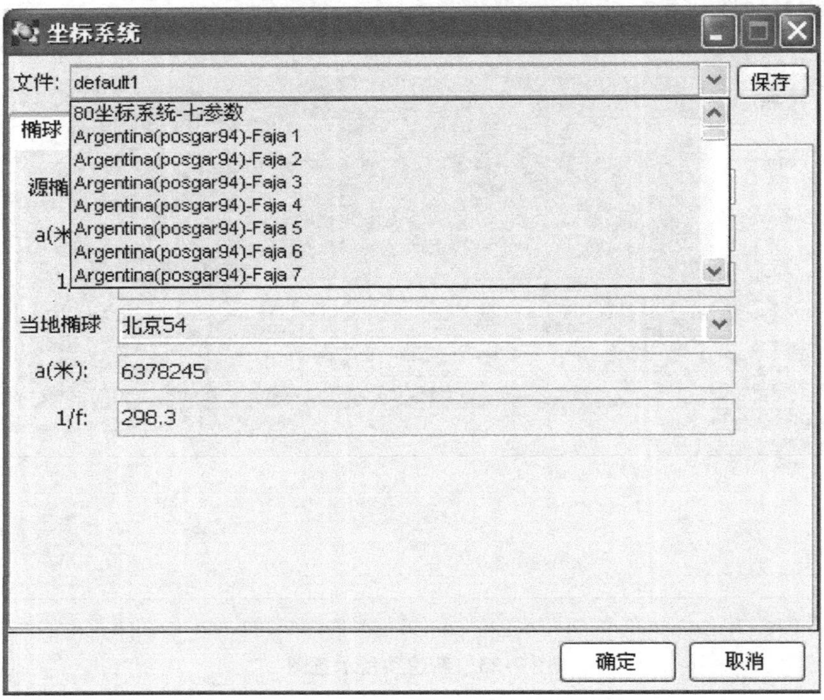

图 7-25 坐标系统设置

三、导入数据

任务建完后，开始加载观测数据文件。选择【文件】菜单下的【导入】，在弹出的对话框中选择需要加载的数据类型，如图 7-26 所示单击【导入文件（F）】或者【导入目录（D)】按钮，进入文件选择对话框。

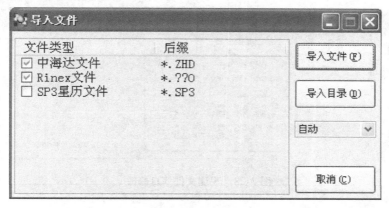

图 7-26　导入文件

导入数据后，软件自动形成基线、同步环、异步环、重复基线等信息。显示窗口如图7-27所示。

图 7-27　导入后形成的基线图

当数据加载完成后，系统会显示所有的文件，单击中间的树形目录的【观测文件】，并将右边工作区选项卡切换为【文件】，即可查看详细的文件列表。双击某一行，即可弹出编辑界面，如图 7-28 所示，这里主要是为了确定天线高、接收机类型、天线类型。按照相同方法完成所有文件天线信息的录入或编辑。

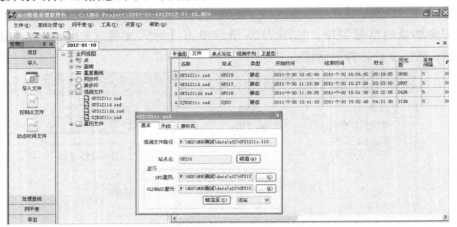

图 7-28　观测文件信息修改

四、基线处理

当数据加载完成后，系统会显示所有的 GPS 基线向量，【平面图】会显示整个 GPS 网的情况。下一步进行基线处理，单击菜单【基线处理】，选择【处理全部基线】，系统将采用默认的基线处理设置处理所有的基线向量。

处理过程中，显示整个基线处理过程的进度。从【基线】列表中也可以看出每条基线的处理情况，如图 7-29 所示。

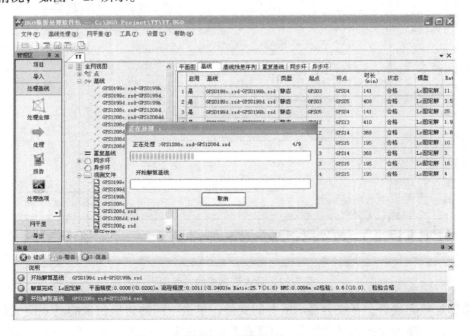

图 7-29　基线处理

基线解算的时间由基线的数目、基线观测时间的长短、基线处理设置的情况，以及计算机的速度决定。处理全部基线向量后，基线列表窗口中会列出所有基线解的情况，网图中原来未解算的基线也由原来的浅色改变为深绿色，如图 7-30 所示。

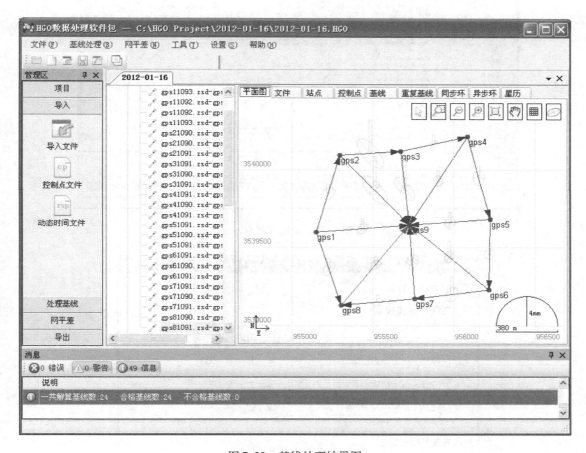

图 7-30　基线处理结果图

五、网平差

在基线处理完成后，需要对基线处理成果进行检核，在基线都合格的情况下，进入网平差步骤。

在平差之前进行相关的设置，明确整个网中的已知控制点。在树形视图区中切换到【点】，在右边工作区单击【站点】，对选中的站点单击鼠标右键，弹出右键菜单，选择【转为控制点】，这些点会自动添加到【控制点】列表中，如图 7-31 所示。

切换到【控制点】列表，双击某个站点名进行编辑，如图 7-32 所示。

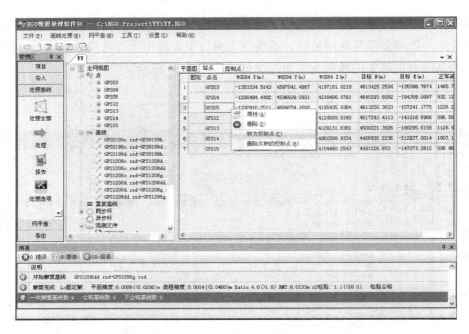

图 7-31　确定控制点

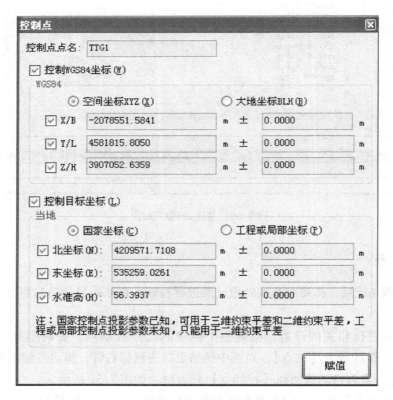

图 7-32　测站点名编辑

单击【网平差】，选择【平差设置】，进入【平差设置】对话框，如图 7-33 所示。

图 7-33　平差设置

执行菜单网平差下的【平差】，软件会弹出平差工具。如图 7-34 所示。

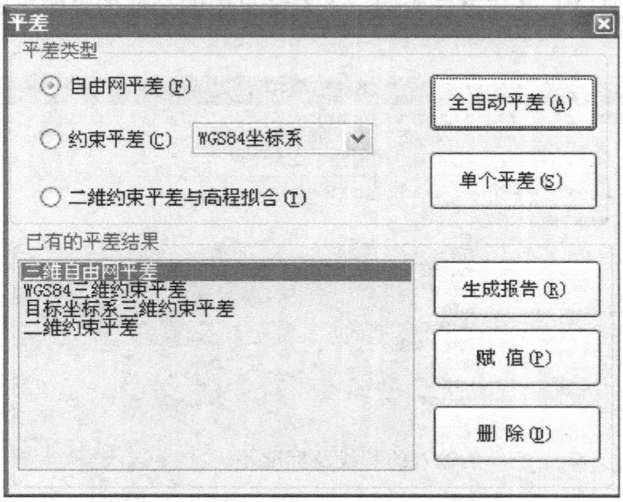

图 7-34　网平差

单击【全自动平差（A）】按钮，软件将自动根据起算条件，完成自由网平差，WGS—84 下的约束平差，以及当地三维约束平差和二维约束平差。并形成平差结果列表。可以选择要查看的结果，单击【生成报告（R）】按钮，即可查看报告。

六、生成成果报告

在【网平差】中选择【平差报告设置】，可以对输出内容及格式进行指定和选择，如图7-35所示。

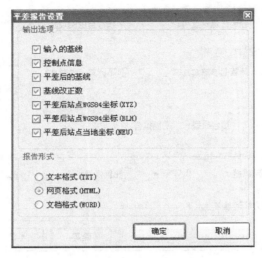

图 7-35　平差报告设置

然后在【网平差】中的【平差】工具中单击【生成报告（R）】按钮，即可导出相应的平差报告了。以生成 HTML 格式报告为例，平差结果中的全部内容输出成一个 HTML 报告形式，如图 7-36 所示。

图 7-36　平差报告

至此，一个完整的基线解算成果，以及平差后的各站点坐标成果都已经获得，静态解算完成。

单元小结

本单元介绍了 GPS 内外业具体的工作过程及技术设计的一般方法。主要内容包括：GPS 控制网技术设计、GPS 控制点的选点与埋石、GPS 静态接收机、GPS 外业观测、GPS 数据处理的一般流程及 GPS 数据处理软件。教学目的是使学生掌握 GPS 测量技术设计的一般方法和主要内容，熟知 GPS 内业数据处理的一般流程，会使用主流的 GPS 接收机和相应的数据处理软件，为学习 GPS 的具体实时打下良好的基础。

本单元是整个课程的核心，特别是 GPS 技术方案设计和 GPS 数据处理的过程，这需要有较丰富的工作经验才能逐步掌握。因此，对这部分内容的学习，主要是了解其设计的常规流程及其主要内容。对于内业数据处理需要多找一些实例，通过对处理软件的主要功能的熟悉，这一部分知识的掌握也不是很困难的事情。

单元 8 实时动态测量系统及应用

【单元概述】

本单元主要介绍 GPS-RTK 的基本测量原理及方法，并重点讲述了常规 RTK 测量的组成及特点，常规 RTK 测量的作业模式及方法，简单介绍了网络 RTK 测量的特点及应用，最后还详细讲述了 RTK 测量技术的应用。

【学习目标】

掌握 RTK 测量的基本原理；熟悉常规 RTK 测量的组成和常采用的作业模式；掌握常规 RTK 测量的作业方法；了解网络 RTK 测量和常规 RTK 测量的不同之处；掌握 RTK 测量在控制测量、地形测量、工程放样、地籍与房产测量、水下地形测量方面的应用。

课题 1 RTK 测量方法概述

一、RTK 测量概述

实时动态（Real Time Kinematic）测量简称 RTK 测量，它是 GPS 测量技术与数据传输技术的结合，是 GPS 测量技术的一个新突破。RTK 测量技术是基于载波相位观测值的实时差分 GPS 测量技术，它能够实时地提供测站点在指定坐标系中的三维定位结果，并达到厘米级精度。在 RTK 测量作业模式下，基准站通过数据链将其观测值和测站坐标信息一起传送给流动站，流动站不仅通过数据链接收来自基准站的数据，还要采集 GPS 观测数据，并在系统内组成差分观测值进行实时处理，在 1～2s 的时间内给出厘米级定位结果。

GPS 的传统测量模式虽有多种，如静态、快速静态、准动态和动态相对定位等，但利用这些模式工作，一般不与数据传输系统相结合，测量的结果需要经过后期的处理才能获得，无法对观测数据的质量进行实时检核。解决这一问题的主要方法是延长观测时间，获得大量的多余观测量，从而提高成果的可靠性，但却大大降低了测量工作的效率。而 RTK 测量技术通过实时解算，将基准站采集的载波相位发送给用户，进行求差，实时解算坐标，实时判定解算结果，减少冗余观测，大大提高了工作效率。现在 RTK 测量技术已广泛应用于控制测量、地形测图、工程放样、断面测量、水下地形测量、地籍测量、房产测量等方面。

二、RTK 测量的工作原理

如图8-1所示，RTK 测量的工作原理是利用2台或2台以上的GPS接收机，对4颗以上的GPS卫星进行同步观测，其中1台安置在已知坐标的点位上作为基准站，另1台或多台安置在未知点上（称为流动站），通过基准站所获得的观测值与已知点的位置信息进行比较，得到GPS差分修正值，然后将这个修正值通过无线电数据链电台传递给流动站，得到经差分改正后的较准确的流动站的实时位置。

RTK 测量的观测模型为：

$$\phi = \rho + c(d_T - d_t) + \lambda N + d_{trop} - d_{ion} + d_{preal} + \varepsilon(\phi) \tag{8-1}$$

式中　ϕ——相位观测量；

ρ——站星间的几何距离；

c——光速；

d_T——接收机钟差；

d_t——卫星钟差；

λ——载波相位波长；

N——整周未知数；

d_{trop}——对流层折射影响；

d_{ion}——电离层折射影响；

d_{preal}——相对论效应；

$\varepsilon(\phi)$——观测噪声参数。

因轨道误差、钟差、电离层折射及对流层折

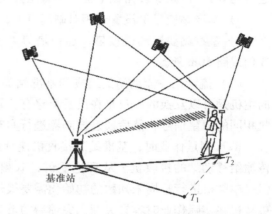

图 8-1　RTK 测量的工作原理示意图

射影响难以精确模式化，因此实际的数据处理常采用双差观测值方程来解算，在定位前需先确定其整周未知数，这一过程称为"初始化"。RTK 测量要求在观测的过程中，保持对所测卫星的连续跟踪观测，因此，在观测过程中一旦发生"失锁"现象，就必须重新进行初始化工作。

课题 2　常规 RTK 测量系统

一、常规 RTK 测量系统的组成

RTK 测量系统一般由三部分组成：GPS接收设备、数据传输设备、软件系统。数据传输系统由GPS接收设备的各种接收和发射电台组成，它是实现实时动态测量的关键设备。

1. GPS 接收设备

RTK 测量系统的接收设备至少应该包含两台GPS接收机，一台安置在已知点上作为基准站，另一台或多台安置在不同的流动站上。

（1）基准站　GPS-RTK 测量系统的基准站是由基准站接收机及卫星接收天线、无线电数据链电台及发射天线、直流电源等组成。基准站的作用是求出 GPS 实时相位差分改正值，然后将改正值通过数据传输电台及时传递给流动站以精化其观测值，进而得到更为精确的实时位置。

GPS—RTK 定位的数据处理过程是基准站和流动站之间的单基线处理过程，基准站和流动站的观测数据质量、无线电的信号传播质量对定位结果的影响很大。野外工作时，测站位置的选择对观测数据质量、无线电传播影响很大。而流动站作业点只能由工作任务决定观测地点，所以，基准站位置的选择非常重要。一般规定：

1）基准站的选择必须严格。因为基准站接收机每次卫星信号失锁将会影响网络内所有流动站的正常工作。

2）周围应视野开阔，截止高度角应超过 15°；周围无信号反射物（大面积水域、大型建筑物等），以减少多路径干扰；尽量避开交通要道、过往行人的干扰。

3）基准站应尽量设置于相对制高点上，以方便播发差分改正信号。

4）基准站要远离微波塔、通信塔等大型电磁发射源 200m 外，要远离高压输电线路、通信线路 50m 外。

（2）流动站　流动站的组成和基准站类似，现今大多数品牌的接收机基准站和移动站的主机是可以互换的，只是在设置上略有差别。流动站的电台不仅接收基准站的信号，也接收相同的卫星信号，然后通过控制器进行实时解算。

RTK 测量作业时，基准站的接收机连续跟踪全部可见的 GPS 卫星，并将观测数据实时传输给移动站的接收机。从理论上讲，双频接收机与单频接收机均可用于实时 GPS 测量。但是单频机进行整周未知数的初始化需要很长的时间，此为实时动态测量所不允许的；加之单频机在实际作业时容易失锁，失锁后的重新初始化要占去许多时间。因此，实际作业中一般应采用双频接收机。

2. 数据传输设备

为把基准站的信息及观测数据一并传输到流动站，并与流动站的观测数据进行实时处理，必须配置高质量的无线通信设备（无线信号调制解调器）。RTK 测量系统的数据传输设备主要由调制解调器和无线电台组成。在基准站上，利用调制解调器将有关数据进行编码调制，再由无线电发射台发射出去，移动站上用无线接收机接收到该信号，再由解调器进行数据还原，最后将还原之后的数据送给用户流动站上的 GPS 接收机。

3. 软件系统

GPS-RTK 测量系统进行工作时，基准站将自身信息与观测数据，通过数据链传输到流动站，流动站将从基准站接收到的信息与自身采集到的观测数据组成差分观测值，然后再解算整周未知数，最后进行每个历元的实时处理，该过程必须具备功能很强的数据处理系统才能完成。因此，软件系统的功能和质量，对保障 RTK 测量的可行性、测量结果的可靠性及精度有决定性的意义。软件系统应具备的基本功能有：

1）整周未知数的快速解算。

2）根据相对定位原理，实时解算用户站在 WGS—84 坐标系中的三维坐标。

3）根据已知转换参数，进行坐标系统的转换。

4）求解坐标系之间的转换参数。

5）解算结果的质量分析与评价。

6）作业模式（静态、准动态、动态等）的选择与转换。

7）测量结果的显示与绘图。

二、常规 RTK 测量系统的特点

1）RTK 测量保留了所有经典的 GPS 测量功能，如静态测量、快速静态测量等，观测数据也可采用后处理的方式。由于后处理定位和实时定位可以同时进行，所以能做到彼此互补，发挥各自特长。

2）经典的 GPS 测量因不具备实时性，而不能用来放样，放样工作还得依靠传统的测量仪器，但 RTK 测量弥补了这一缺陷，而且放样精度可达到厘米级。

3）RTK 测量的关键技术之一是快速解算整周未知数。用经典的静态相对定位法，解得整周示未知数并达到足够精度，往往需要很长时间。在 RTK 测量中，尽管初始化时间和长短受到跟踪观测的卫星数、几何图形强度、多路径效应、电离层干扰等诸多因素影响，但仍可在很短的时间之内完成。这样，测量中即使遇到障碍物（如穿过桥下或通过隐蔽地带）造成失锁，也可在重新捕获到卫星后短时间内完成整周未知数初始化，继续进行测量。

4）由于 RTK 测量成果是在野外观测时实时提供，因此能在现场及时进行检核，避免外业工作返工。

5）能够接收到卫星信号的任何地点，全天 24 小时均可进行测量。

6）整个系统只需一人持流动站接收机即可操作，大大提高了工作效率。

三、常规 RTK 测量的作业模式

常规 RTK 测量的作业模式主要有快速静态测量、准动态测量和动态测量三种。

1. 快速静态测量

这种测量模式要求 GPS 接收机在每一用户站上静止地进行观测。在观测过程中，连同接收到的基准站的同步观测数据，实时地解算整周未知数和用户站的三维坐标。如果解算结果趋于稳定，且精度已满足设计的要求，便可适时地结束观测工作。该模式作业时，用户站的接收机在流动过程中，可以不必保持对 GPS 卫星的连续跟踪，其定位精度可达 $1 \sim 2cm$。

这种方法可应用于城市、矿山等区域性的控制测量、工程测量和地籍测量等。

2. 准动态测量

这种测量模式要求流动的接收机在开始观测前，先在某一起始点上静止地进行观测，以便实时地进行初始化工作。初始化后，接收机在每一流动站上，只需静止观测几个历元，并连同基准站的同步观测数据，实时地解算流动站的三维坐标。目前，其定位的精度可达厘米级。但该模式要求接收机在观测过程中，保持对所测卫星的连续跟踪，一旦发生失锁，便需要重新进行初始化工作。

这种方法通常主要应用于地籍测量、碎部测量、路线测量和工程放样等。

3. 动态测量

这种测量模式要求首先在某一起始点上，静止地观测数分钟，以便进行初始化工作。之后，运动的接收机预定的采样时间间隔自动地进行观测，并连同基准站的同步观测数据，实时地确定采样点的空间位置。目前，其定位的精度可达厘米级。采用该模式也要求在观测过程中，保持对观测卫星的连续跟踪。一旦发生失锁，则需重新进行初始化。这时，对陆上的运动目标来说，可以在卫星失锁的观测站上，静止地观测数分钟，或者利用动态初始化（AROF）技术，重新初始化。而对海上和空中的运动目标来说，则只有应用 AROF 技术，重新完成初始化的工作。

这种测量模式，主要应用于航空摄影测量和航空特探中采样点的实时定位、航道测量、道路中线测量，以及运动目标的精密导航等。

四、常规 RTK 测量的作业方法

RTK 测量工作比较简单，各品牌仪器的操作大同小异，下面以南方灵锐 S86 为例简要说明 RTK 测量的作业方法：

1）在基准站上安置接收机，对中整平。基准站架设点可以架在已知点或未知点上，这两种架法都可以使用，但在校正参数时操作步骤有所差异。由于 S86 接收机是内置电台，否则还需进行发射天线、电台、主机之间的连接。

注意：为了让主机能搜索到多数量卫星和高质量卫星，基准站一般应选在周围视野开阔的地方，避免在截止高度角 15° 以内有大型建筑物；避免附近有干扰源，如高压线、变压器和发射塔等；不要有大面积水域。为了让基准站差分信号能传播得更远，基准站一般应选在地势较高的位置。

2）打开基准站主机，进入基准站模式，进行相关设置后启动。

3）将移动站主机接在碳纤对中杆上，并将接收天线接在主机顶部，同时将手簿使用托架夹在对中杆的适合位置。

4）打开移动站主机，进入移动站模式，和基准站设置对应后启动，主机开始自动初始化和搜索卫星，当达到一定的条件后，主机上的 RX 指示灯开始 1 秒钟闪 1 次（必须在基准站正常发射差分信号的前提下），表明已经收到基准站差分信号。

5）启动手簿上的工程之星，启动蓝牙，进行电台设置。

6）进入新建工程向导，输入工程名称、坐标系、中央子午线、各类参数等。

7）进行点校正。若现场有多个控制点，可以通过多点校正，先采集若干个控制点位坐标，然后导入已知的控制点坐标库，进行转换，计算四参数。若现场只有一个控制点，则只能进行单点校正，一般是在有四参数或七参数的情况下才通过此方法进行校正。也就是说，在同一个测区，第一次测量时已经求出了四参数，下次继续在这个测区测量时，必须先输入第一次求出的四参数，再做一次单点校正。此方法还适用于自定义坐标的情况。

① 基准站架在已知点上。选择"基准站架设在已知点"，单击"下一步"按钮，输入基准站架设点的已知坐标及天线高，并且选择天线高形式，输入完后即可单击"校正"按钮。系统会提示是否校正，并且显示相关帮助信息，检查无误后单击"确定"按钮校正

完毕。

说明：此处天线高为基准站主机天线高，形式一般为斜高，只能通过卷尺来测量。

② 基准站架在未知点上。选择"基准站架设在未知点"，再单击"下一步"按钮。输入当前移动站的已知坐标、天线高和天线高的量取方式，再将移动站对中立于已知点上后单击"校正"按钮，系统会提示是否校正，单击"确定"按钮即可。

说明：此处天线高为移动站主机天线高，为一固定值2。

注意：如果软件界面上的当前状态不是"固定解"时，会弹出提示，这时应该选择"否"来终止校正，等精度状态达到"固定解"时重复上面的过程重新进行校正。

8）校正完毕，单击工程之星软件中的相应菜单的"测量"或者"放样"进行具体的测量工作。

课题3 网络 RTK 测量系统

一、网络 RTK 测量系统简介

常规 RTK 测量是目前广泛应用的测量技术之一，但当作业距离增大时，会产生很大的系统误差。网络 RTK 测量也称多基准站 RTK 测量，是近年来在常规 RTK 测量技术、计算机技术、通信网络技术的基础上发展起来的一种实时动态定位新技术，它扩大了覆盖范围、降低了作业成本、提高了定位精度、缩短了工作时间，弥补了常规 RTK 测量技术的缺点，代表了 GPS 测量未来发展的方向。

目前，网络 RTK 测量技术数据处理的主要方法有虚拟参考站（VRS）技术、主辅站（MAX）技术、区域改正参数（FKP）方法、综合误差内插法（CBI），其中以虚拟参考站（VRS）技术最为成熟。虚拟参考站（VRS）技术的实施使一个地区的测绘工作组成了一个有机的整体，改变了以往 GPS 单打独斗的作业模式，同时使其测量精度和可靠性更高。下面以 VRS 为例简要介绍网络 RTK 测量系统。

1. VRS 的组成

VRS 系统由 VRS 固定参考站、系统控制中心、用户数据中心、用户应用、数据通信五个子系统组成系统组成。

（1）VRS 固定参考站　VRS 固定参考站是 VRS 系统的数据源，用于实现对卫星信号捕获、跟踪、记录和传输，它是分布在整个 VRS 网络中的参考站。

（2）VRS 系统控制中心　它既是通信控制中心，也是数据处理中心。一方面通过通信线（光缆、ISDN 或电话线）与所有固定参考站建立通信，另一方面通过无线网络（GSM、CDMA 或 GPRS）与移动用户实现通信。它依靠计算机实时系统来控制整个系统的运行。

（3）VRS 用户数据中心　控制、监控、下载、处理、发布和管理各参考站 GPS 测量数据，计算网络 RTK 测量改正数据，生成各种格式的实时产品，并发送改正数。

（4）用户应用子系统（移动站）　按照应用领域，可分为测绘工程用户（厘米、分米级），车辆导航亚米级用户系统，米级用户系统等。

（5）实时数据通信网络 数据服务中心的通信链路采用GSM、CDMA或GRPS数据通信与移动用户通信，实时传输各参考站GPS测量数据到数据中心和发送RTK测量改正数到流动站用户。

2. VRS的工作原理

一个VRS网络由3个以上的固定基准站组成，站与站之间的距离可达70km，固定基准站负责实时采集GPS卫星观测数据并传送给GPS网络控制中心，由于这些固定基准站有长时间的观测数据，故点位坐标精度很高。固定基准站与控制中心之间可通过光缆、ISDN或普通电话线相连，将数据实时地传送到控制中心，控制中心通过软件解算实时处理数据，控制整个系统的正常运行。

如图8-2所示，VRS在工作时，GPS流动站先通过数字移动电话网络（如GSM、CDMA、GPRS等）向控制中心发送标准的NMEA位置信息，告知它的概略位置，控制中心接收信息，并重新计算所有GPS测量数据、内插到与流动站相匹配的位置，再向流动站发送改正过的RTCM信息，流动站可位于网络中的任何一点，这样RTK测量的系统误差就被减少或得到消除。可以看出，VRS实际上是一种多基站技术，在数据处理上利用了多个参考站的联合数据。这种为一个虚拟的、没有实际架设的参考站创建原始参考数据的技术，称为"虚拟参考站技术"（VRS）。

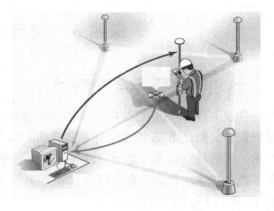

图8-2 VRS的工作原理示意图

3. VRS的实现流程

VRS实现过程分为三步：

1）系统数据处理和控制中心完成所有基准站的信息融合和误差源模型化。

2）流动站在作业的时候，先发送概略坐标给系统数据处理和控制中心，系统数据处理和控制中心根据概略坐标生成虚拟参考站观测值，并回传给流动站。

3）流动站利用虚拟参考站数据和本身的观测数据进行差分，得到高精度定位结果。

二、网络RTK测量系统的特点

与传统的RTK测量相比，VRS系统的优势有以下几点：

1. 覆盖范围增大

VRS网络可以有多个基准站，但最少需要3个。若按边长70km计算，一个三角形可覆盖2200km² 面积。实际上，VRS系统可提供两种不同精度的差分信号，分别为厘米级和亚米级。我们所指的是1~2cm的高精度，而若是用低精度，则站与站之间的距离可以拓展到几百公里。

2. 费用低

对于流动站用户，无需野外参考站，仅需流动站的投资。用户不再架设自己的基准站，相当于是在计算机网络上建立的现代化大地测量网络服务系统。

3. 精度和可靠性提高

传统的 RTK 随着测量距离的增加，误差会随之增大，而 VRS 技术采用了多个参考站联合数据，对电离层、对流层等改正考虑较好，能有效消除系统误差和周跳，使得定位可靠性和精度提高，作业范围更广。在 VRS 系统的网络控制范围内，精度始终可以保持在 1~3cm。

4. 应用范围广

可适用于城市规划、市政建设、交通管理、机械控制、气象、环保、农业以及所有在室外进行的勘测工作。

常规 RTK 测量与网络 RTK 测量的作业模式比较见表 8-1。

表 8-1　常规 RTK 测量与网络 RTK 测量的作业模式比较

作业工序	常规 RTK 测量作业模式	网络 RTK 测量作业模式
静态 GPS 控制测量	需要	不需要
静态 GPS 数据处理	需要	不需要
基准站架设	需要	不需要
作业人员	基准站、流动站至少各 1 人	1 人
初始化时间	包括到作业区架设基准站至少 20 分钟	1 分钟左右
作业距离	10~15km	网内无控制
精度	随距离增加而降低	均匀
可靠性	一般	高

三、网络 RTK 测量系统的应用——CORS 系统

VRS 技术的出现，标志着高精度 GPS 的发展进入了一个新的阶段。这种网络 RTK 测量技术，集最新兴的计算机网络管理技术、Internet 技术、无线通信技术和优秀的 GPS 定位技术于一身，应用了最先进的多基站 RTK 测量算法，是 GPS 技术的突破。它将使 GPS 的应用领域有极大的扩展，代表着 GPS 发展的方向。目前，世界各地陆续建立的连续运行参考站（Continuous Operation Reference Stations，简称 CORS）就是网络 RTK 测量应用的典型代表。

连续运行的 GPS 参考站网是由一个或若干个 GPS 参考站，一个计算机控制中心，数据通信设备和相应的软件包组成的一个网络系统。它是网络 RTK 测量系统的基础设施，在此基础上就可以建立起各种类型的网络 RTK 测量系统。

近几年，CORS 系统的发展很快，发达国家基本上每几十公里就有一个基准站，运营比较良好的有美国连续运行参考站网系统（CORS）、加拿大的主动控制网系统（CACS）、澳大利亚悉尼网络 RTK 系统（SydNet）、德国卫星定位与导航服务系统（SA2POS）和日本GPS 连续应变监测系统（COS2MOS）。此外，一些发展中国家也在陆续地建立起连续运行参考站系统。

我国连续运行跟踪站的建设，已经进入蓬勃发展的阶段。目前主要动态和进展有：

1）国家测绘地理信息局从 1993 年开始着手建立国内永久性 GPS 跟踪站，用于定轨、

精密定位和地球动力学监测，目前武汉、北京、拉萨、乌鲁木齐等都建有连续运行参考站。

2）中国地壳运动观测网络。观测网络的一期工程由中国地震局牵头，参加的有中科院、国家测绘地理信息局、总参测绘导航局，共建设了遍布全国的25个连续运行GPS基准站，平均站距800km。所有站按照30s采样间隔记录数据，每天传至分析中心，实现了上述四个部门数据共享。目前，二期工程也已经启动，国家气象局和教育部也加入到这一工程中，并计划在全国建立200多个永久性跟踪站和1000多个监测点。

3）香港地政署在香港建立13个GPS永久跟踪站，平均站距10km左右。通过Internet共享或用户选择性方式提供GPS数据服务，开展准实时和事后精密定位服务，用于满足香港的发展需要，特别是香港西北部发展建设的需要。

4）深圳连续运行卫星定位服务系统。它是我国建立的第一个实用化的实时动态CORS系统，其实时定位精度可达到平面3cm，垂直5cm。系统由5个GPS基准站、1个系统控制中心、1个用户数据中心、若干用户应用单元、数据通信系统5个子系统组成，各子系统互联，形成一个分布于整个城市的局域网或城域网。网络实时动态定位采用VRS技术，系统的数据服务分两种方式：通过访问服务器以GSM数据通信方式向用户提供实时精密定位服务；通过Internet向用户提供精密事后处理的数据服务，并发布系统工作状况、新闻等动态信息。

课题4 RTK测量技术的应用

一、在控制测量方面的应用

常规控制测量如三角测量、导线测量，要求点间通视，外业工作量大，而且精度不均匀，外业测量中也无法知道测量成果的精度；而采用GPS静态测量虽然无需点间通视就能够高精度地进行各种控制测量，但是需要事后进行数据处理，不能实时定位并知道定位精度，内业处理后若发现精度不合格必须返工测量。

用RTK测量技术进行控制测量，点位布设比较灵活，既能实时知道定位结果，又能实时知道定位精度，这样可以大大提高作业效率。由于应用RTK测量技术进行实时定位可以达到厘米级的精度，在合适的观测条件下，已经可以完全替代一、二级小三角测量，一、二、三级导线测量，一、二级GPS测量。因此，除了高精度的控制测量仍采用GPS静态相对定位技术之外，RTK测量技术也广泛地应用于地形图测绘中的控制测量、地籍及房产测量中的控制测量和界址点点位的测量。

二、在地形测量方面的应用

传统的地形测图一般是首先根据控制点加密图根控制点，然后在图根控制点上用经纬仪、平板仪或全站仪测绘地形图。但无论使用哪种仪器测量都要求测站点与被测的周围地物地貌等碎部点之间通视，而且至少要求2~3人操作。

采用RTK测量技术进行测图时，利用RTK测量快速定位和实时得到坐标结果的特点，根据现场地形的实际情况进行测量设定，在测量特殊地物点时，可设定按一定距离或时间间隔进行自动采集。实际工作中仅需一人背着仪器在碎部点上呆上 1~2s，并同时输入特征编码，可以在点位精度合乎要求的情况下，通过电子手簿记录，外业工作结束后由专业绘图软件便可以很快地进行地形图的绘制。用 RTK 测量技术测定点位不要求点间通视，仅需一人操作便可完成测图工作，而且不论天气条件如何都可全天候作业，大大提高了工作效率。

此外，根据不同 GIS 平台的要求，RTK 测量在数据采集时可以将各不同地物的所在点属性加进去，对应每个点的三维坐标，再进行一定的数据处理，可以生成适应 GIS 平台数据格式要求的基础材料数据库，并易于修改和完善。

三、在工程测量方面的应用

对于工程测量来说，工程放样是必不可少的，一个较大的工程建设，含有大量的工程放样工作，放样质量的好坏直接影响到工程建设的质量，能否高质量，高效率地完成放样工作是我们亟待解决的问题。

常规的放样方法很多，如直角坐标法、极坐标法、交会法、全站仪放样法等，一般要放样出一个设计点位时，往往需要来回移动目标，而且要 2~3 人配合操作，还要求点间通视情况良好，有时需要多种测量方法配合，才能测设一个点位。在道路工程或其他测量中，若控制点和待放样点的距离较远时，还需要加密控制点，工作效率很低。

采用 RTK 测量技术放样时，仅需一人把设计好的点位坐标输入到电子手簿中，然后根据接收机的提示，很快就可以确定放样点的位置，既迅速又方便。由于 RTK 测量是通过坐标来直接放样的，精度很高也很均匀，而且作业距离比起传统仪器也大大增加，因而在精度满足的前提下，各类工程测量放样中经常采用。RTK 测量工程放样与"经纬仪加钢尺"或"全站仪"放样相比，可以说是工程放样的一次深远的测量革命，它具有作业简便、直观、高效等诸多优点。

四、在地籍和房产测量方面的应用

地籍和房产测量中需要测定每一宗土地的权属界址点以及测绘地籍平面图与房产平面图。应用 RTK 测量技术能实时测定有关界址点及一些地物点的位置并能达到要求的厘米级精度，将 GPS 获得的数据用相关软件处理后，可及时精确地获得地籍与房产图。在影响 GPS 卫星信号接收的隐蔽地带，若使用全站仪配合进行数据采集，可以大大提高工作效率。

在建设用地勘测定界测量中，RTK 测量技术可以实时地测定界桩位置，确定土地使用界限范围，并计算用地面积。利用 RTK 测量技术进行勘测定界放样是坐标的直接放样，建设用地勘测定界中的面积是由 GPS 手簿自带软件中的面积计算功能直接计算并进行检核，简化了工作程序。

五、在水下地形测量方面的应用

水下地形测量就是利用测量仪器来确定水下地形点三维坐标的过程。常规的测量多采用交会测量，受天气条件影响特别大，精度难以保证，测量作业难度大，成图周期很长。使用

GPS 技术后，水下地形测量工作就简单了许多，特别是 RTK 测量技术出现后，可配合数字测深仪进行水下地形测量，即在"GPS + 计算机（含数据处理软件）+ 数字测深仪"的测量模式下，通过 RTK 测量的实时载波相位差分技术，在保证 RTK 测量与测深仪采集信息同步的前提下，获得水面点的平面坐标及高程，通过测深仪获得该点处的水深，最终解算出与该点垂直对应的水下地形点的三维坐标。

"RTK + 测深仪"进行水下地形测量时，系统主要由三部分组成：

1）基台分系统：基准控制中心（一般设置于岸上）负责计算差分改正数，记录载波相位等数据，传送基准台定位数据及改正数信息。

2）流动台分系统：流动台负责位置、航向测量，接收 GPS 定位信号、GPS 差分改正数，记录定位数据、载波相位数据等，利用航向及距离数据推算目标上其他作业点的准确地理位置。

3）事后处理分系统：负责实时记录 GPS 接收机的定位数据，并事后对记录数据进行处理，得到高精度位置。

由 RTK 测量与数字测深仪组成的自动控制水下测量系统的一般功能有：

1）驱使系统同步采集各观测数据。

2）导航图形和采集数据实时显示。

3）差分数据处理和坐标系转换。

4）数据编辑。

5）图形文件的生成和输出。

6）能够校核 RTK 测量与测深仪之间的数据延迟。

7）能够进行接口参数设置：接口号、传输率、数据位、记录速率及文件格式的选择。

在水下地形测量时，如需进行验潮位测量，可首先将 RTK 设置于验潮船上，实时测量水位后将改正值输入系统软件后，再进行水下地形测量工作。同时为了保持数据链的连续，应尽量保持测量船匀速，不出现显著的加速度。

总之，利用 RTK 测量技术进行水下地形测量，工作人员的劳动强度大大降低，自动化程度提高，效率大大提高。

课题 5　GPS 测速与测时简介

一、GPS 测速

利用 GPS 信号测得运动载体的速度，称为 GPS 测速。速度测量和位置测量一样，也是应用非常广泛的领域。传统的测速手段主要借助多普勒频移和激光，全球定位系统（GPS）出现后，为速度的测量提供了一种新的技术途径和实用方法。GPS 不仅可以确定运动载体的实时位置，还可以确定载体的瞬时速度，但是，GPS 测速的应用远远没有 GPS 定位那样受到重视和普及推广。

由于安置 GPS 接收机的运动载体和 GPS 卫星之间有相对运动，接收机收到的载波信号与卫星发射的载波信号的频率是不一样的，其间的频率差称为多普勒频移。我们可以采用观测载波多普勒频移的方法来测定运动载体的速度。多普勒频移与站星间距离变化率的关系为：

$$\rho = \frac{c}{f} \mathrm{d}f \tag{8-2}$$

式中　ρ——站星间距离变化率；

$\mathrm{d}f$——多普勒频移，为已知观测量；

c——光速；

f——卫星发射的载波频率。

如果忽略大气折射对伪距观测量的影响，站星间的伪距观测方程为：

$$\tilde{\rho}_i^j = \rho_i^j + c\delta t_i - c\delta t^j \tag{8-3}$$

考虑卫星钟差可由导航电文给出的参数加以修正，则伪距的时间变化率为：

$$\tilde{\rho}_i^j = \rho_i^j + c\delta t_i \tag{8-4}$$

上式线性化之后可得：

$$\tilde{\rho}_i^j = \begin{pmatrix} l_i^j & m_i^j & n_i^j \end{pmatrix} \left(\begin{pmatrix} X^j \\ Y^j \\ Z^j \end{pmatrix} - \begin{pmatrix} X_i \\ Y_i \\ Z_i \end{pmatrix} \right) + c\delta t_i \tag{8-5}$$

如果卫星的运动速度已知，则有误差方程：

$$\tilde{\rho}_i^j = \begin{pmatrix} l_i^j & m_i^j & n_i^j \end{pmatrix} \begin{pmatrix} X^j \\ Y^j \\ Z^j \end{pmatrix} - c\delta t_i + L_i^j \tag{8-6}$$

当观测卫星多于 4 颗时，可平差求解载体的运行速度（X^j　Y^j　Z^j）。

由此可见，测速的实质仍然是定位问题。

二、GPS 测时

时间对我们日常生活来说极为重要，随着使用目的的不同，人们对时间准确度的要求也不同。由于 GPS 卫星都安装有原子时钟，因此 GPS 定位技术除了具有导航、定位、测速的功能外，还具有测时的功能，与传统的测时方法相比，GPS 测时具有测量简便、精度高、经济可靠等优点被广泛应用。

GPS 卫星都安装有四台原子时钟，它的时间受到美国海军天文台经常性的监测。地面主控站能够以优于 ±5ns 的精度，使 GPS 时间和世界协调时 UTC 之差保持在 ±1μs 以内。此外 GPS 卫星还向用户播发自己的钟差、钟速和钟漂等时钟参数，由于利用 GPS 信号可以测得站址的精确位置，因此，GPS 卫星作为一种全球性用户无限使用的信号源，可用以进行精确的时间比对。

利用 GPS 进行时间测定，一般常采用如下两种方法：

1. 单站单机测时法

单站单机测时法就是在一个已知位置的测站上，利用一台 GPS 信号接收机观测一颗 GPS 卫星，从而测定用户的时钟偏差。

假设于历元 t 由观测站 i 至观测卫星 j 所得伪距观测量为：

$$\tilde{\rho}_i^j(t) = \rho_i^j(t) + c\delta t_i(t) - c\delta t^j(t) + \Delta_i^j I(t) + \Delta_i^j T(t) \tag{8-7}$$

由于观测站 i 和卫星 j 的坐标、站星间的几何距离已知，卫星钟差和大气折射改正可根据导航电文中给出的参数推算，则接收机钟差为：

$$\delta t_i(t) = \frac{1}{c} \left[\tilde{\rho}_i^j(t) - \rho_i^j(t) \right] + \delta t^j(t) - \frac{1}{c} \left[\Delta_i^j I(t) + \Delta_i^j T(t) \right] \tag{8-8}$$

只要确定了用户接收机相对于 GPS 时间的钟差，就可根据导航电文进一步计算相应的协调世界时 UTC。

由此可见：当观测站坐标已知时，只需观测 1 颗卫星，即可确定未知钟差差数；如果观测站坐标未知，则至少同步观测 4 颗卫星，以便在确定观测站位置的同时，确定接收机钟差。

2. 共视比对测时法

共视法就是在两个测站上分别安置接收机同步观测同一组卫星来测定两台接收机钟的相对偏差，这一方法可达到很高的时间比对精度。

假设于历元 t 由观测站 1、2 至观测卫星 j 所得伪距观测量分别为：

$$\begin{cases} \tilde{\rho}_1^j(t) = \rho_1^j(t) + c\delta t_1(t) - c\delta t^j(t) + \Delta_1^j I(t) + \Delta_1^j T(t) \\ \tilde{\rho}_2^j(t) = \rho_2^j(t) + c\delta t_2(t) - c\delta t^j(t) + \Delta_2^j I(t) + \Delta_2^j T(t) \end{cases} \tag{8-9}$$

两式求差得：

$$\Delta\tilde{\rho}^j(t) = \Delta\rho^j(t) + c\Delta\delta t(t) + \Delta\Delta^j I(t) + \Delta\Delta^j T(t) \tag{8-10}$$

当观测站坐标已知时，两站用户时钟的相对钟差为：

$$\Delta\delta t(t) = \frac{1}{c} \left[\Delta\tilde{\rho}^j(t) - \Delta\rho^j(t) \right] - \frac{1}{c} \left[\Delta\Delta^j I(t) + \Delta\Delta^j T(t) \right] \tag{8-11}$$

共视法的实质就是利用相对定位中的单差观测量来进行时间比对，可消除卫星钟差影响，同时卫星轨道误差和大气折射误差也将明显减弱，相对钟差精度较高。

单元小结

RTK 测量技术是 GPS 实时载波相位测量的简称，这是一种将 GPS 与数传技术相结合，实时处理两个测站载波相位观测量的差分方法，经实时解算进行数据处理，在短时间里得到高精度信息的技术。RTK 测量系统是 GPS 测时技术与数据传输技术相结合而构成的组合系统，它是 GPS 测量技术发展中的一个新的突破。

RTK 测量主要由 GPS 接收机、数据传输系统和 RTK 测量的软件系统三部分组成。目前实时动态测量采用的作业模式主要有快速静态测量模式、准动态测量模式、动态测量模式。

　　GPS 实时差分定位 RTK 技术是目前广泛使用的测量技术之一，但它的应用受到电离层延迟和对流层延迟的影响，使原始数据产生了系统误差并导致很多缺点。GPS 网络 RTK 测量技术的出现，弥补了 GPS 实时差分定位 RTK 测量技术的缺点，它代表了未来 GPS 发展的方向，由此可带来巨大的社会效益和经济效益。目前，应用于 GPS 网络 RTK 测量数据处理的主要方法是虚拟参考站法，它在经济发展、城市信息化和数字化发挥了重要的作用。

　　RTK 测量技术在测量领域有着广泛的应用。目前，主要应用在地质调查、地形控制测量、地形测绘、地籍测量、房产测量、水深测量等方面。

　　此外，GPS 技术除了传统的导航和定位外，还可以进行测时和测速。

单元 9　GPS 测量技术的应用

【单元概述】

本单元重点介绍 GPS 测量技术的应用。随着 GPS 的发展，GPS 不仅可以在控制测量、工程测量、航空摄影测量和海洋测量中使用，还可以和 GIS、RS 一起应用于测量之外的公安、交通、林业、农业、燃气、灾害救援等领域。

【学习目标】

掌握 GPS 在大地控制测量和工程测量领域的应用；熟悉 GPS 在航空摄影测量和海洋测绘中的应用；简单了解 GPS 在农业、林业、公安、交通、燃气、灾害救援等方面的应用。

课题 1　GPS 在大地测量及控制测量中的应用

一、概述

大地测量是为研究地球的形状及表面特性进行的实际测量工作。其主要任务是建立国家或大范围的精密控制测量网，内容有三角测量、导线测量、水准测量、天文测量、重力测量、惯性测量、卫星大地测量以及各种大地测量数据处理等。它为大规模地形图测制及各种工程测量提供高精度的平面控制和高程控制；为空间科学技术和军事用途等提供精确的点位坐标、距离、方位及地球重力场资料；为研究地球形状和大小、地壳形变及地震预报等科学问题提供资料。

目前，GPS 定位技术以其精度高、速度快、操作简便在测量中被广泛地用于大地控制测量、工程测量、地籍测量、物探测量及各种类型的变形监测中。在以上这些应用中，建立各种级别和用途的控制网是最主要的应用之一。时至今日，可以说 GPS 定位技术已完全取代了用常规测角、测距手段建立大地控制网。应用 GPS 卫星定位技术建立的控制网叫 GPS 网。

归纳起来大致可以将 GPS 网分为两大类：一类是全球或全国性的高精度 GPS 网。这类 GPS 网中相邻点的距离在数百公里乃至上万公里，其主要任务是作为全球高精度坐标框架或全国高精度坐标框架，为全球性地球动力学和空间科学方面的科学研究工作服务，或用以研究地区性的板块运动或地壳形变规律等问题。另一类是区域性的 GPS 网，包括城市或矿区 GPS 网、GPS 工程网等。这类网中的相邻点间的距离为几公里至几十公里，其主要任务是直接为国民经济建设服务。

GPS 静态定位在测量中主要用于测定各种用途的控制点。其中，较为常见的是利用 GPS 建立各种类型和等级的控制网，在这些方面，GPS 技术已基本上取代了常规的测量方法，成为了主要手段。

二、我国的 GPS 大地控制网

我国的 A 级和 B 级 GPS 大地控制网分别由 30 个点和 800 个点构成。它们均匀地分布在我国大陆，平均边长为 650km 和 150km。这两个网的数据处理采用了后处理精密星历和 ITRF 坐标框架，以便使我国的 A 级和 B 级 GPS 网能准确地定位在全球性的参考系中。

对 A 级 GPS 网来说，水平方向的重复精度优于 2×10^{-8}，垂直方向不低于 7×10^{-6}；对 B 级 GPS 网来说，则分别优于 4×10^{-7} 和 8×10^{-7}。

我国的 A 级和 B 级 GPS 大地控制网分别于 1996 年和 1997 年建成并交付使用，这标志着我国空间大地网的建设已进入一个新阶段。它不仅在精度方面比已往的全国性大地控制网大体提高了两个量级，而且其三维坐标体系是建立在有严格动态定义的先进的国际公认的 ITRF 框架之内。

1. 国家 GPS 控制网

"2000 国家 GPS 控制网"是由国家测绘局布设的高精度 GPS A、B 级网，总参测绘局布设的 GPS 一、二级网，中国地震局、总参测绘局、中国科学院、国家测绘局共建的中国地壳运动观测网组成。该控制网整合了上述三个大型的、有重要影响力的 GPS 观测网的成果，共 2609 个点。通过联合处理将其归于一个坐标参考框架，形成了紧密的联系体系，可满足现代测量技术对地心坐标的需求，同时为建立我国新一代的地心坐标系统打下了坚实的基础。

2. 重力基本网

国家重力基本网是确定我国重力加速度数值的坐标体系。重力成果在研究地球形状、精确处理大地测量观测数据、发展空间技术、地球物理、地质勘探、地震、天文、计量和高能物理等方面有着广泛的应用。目前提供使用的 2000 国家重力基本网包括 21 个重力基准点和 126 个重力基本点。

3. 高程控制网

国家高程控制网是确定地貌地物的海拔高程的坐标系统，按控制等级和施测精度分为一、二、三、四等网。目前提供使用的 1985 国家高程系统共有水准点成果 114041 个，水准路线长度为 416619.1km。我国将在全面规划和做好前期准备工作的基础上，有计划、有步骤地开展高程控制网的新一轮复测工作。

4. 平面控制网

国家平面控制网是确定地貌地物的平面位置的坐标体系，按控制等级和施测精度分为

一、二、三、四等网。目前提供使用的国家平面控制网含三角点、导线点共 154348 个，构成 1954 北京坐标系和 1980 西安坐标系两套系统。

我国将对现有的国家平面控制网和国家高精度卫星定位控制网进行联合处理，形成新的覆盖我国全部国土的动态三维地心大地坐标系统。

三、区域性的 GPS 大地控制网

在国家 A、B 级控制网的基础上，我国还开展了大量的区域 GPS 网的布、测工作。所谓区域 GPS 网是指国家 C、D、E 级 GPS 网或专为工程项目布测的工程 GPS 网。这类网的特点是控制区域有限（或一个市或一个地区），边长短（一般从几百米到 20km），观测时间短（从快速静态定位的几分钟至一两个小时）。由于 GPS 定位的高精度、快速度、省费用等优点，建立区域大地控制网的手段已基本被 GPS 技术所取代。综合起来，GPS 技术在基础测绘方面的应用：

1. 建立新的地面控制网

尽管我国在 20 世纪 70 年代以前已布设了覆盖全国的大地控制网，但由于人为的破坏，现存控制点已不多，当在某个区域需要建立大地控制网时，首选方法就是用 GPS 技术来建网。

2. 检核和改善已有地面网

对于现有的地面控制网由于经典观测手段的限制，精度指标和点位分布都不能满足国民经济发展的需要，但是考虑到历史的继承性，最经济、有效的方法就是利用高精度 GPS 技术对原有老网进行全面改造，合理布设 GPS 网点，并尽量与老网重合，再把 GPS 数据和经典控制网一并联合平差处理，从而达到对老网的检核和改善的目的。

3. 对老网进行加密

对于已有的地面控制网，除了本身点位密度不够以外，人为的破坏也相当严重，为了满足基本建设的需要，采用 GPS 技术对重点地区进行控制点加密是一种行之有效的手段。布设加密网要尽量和本区域的高等级控制点重合，以便较好地把新网同老网匹配好，从而避免控制点误差的传递。

4. 拟合区域大地水准面

GPS 技术用于建立大地控制网，在确定平面位置的同时，能够以很高的精度确定控制点间的相对大地高差，因此，如何充分利用这种高差信息是近几年许多学者热烈讨论的一个话题。由于地形图测绘和工程建设都依据水准高程，因此必须把 GPS 测的大地高差以某种方式转化成水准高差，才便于工程建设使用。

通常的方法是：

1）采用一定密度及合理分布的 GPS 水准高程联测点（即 GPS 点上联测水准高程），用数学手段拟合区域大地水准面。

2）利用区域地球重力场模型来改化 GPS 大地高为水准高。

课题2　GPS 在工程测量中的应用

一、概述

工程测量是研究工程建设在规划、勘测设计、施工和运营管理各阶段所进行的测量工作。按工程建设的对象不同，工程测量又分为水利、建筑、公路、铁路、矿山、隧道、桥梁、城市和国防等工程测量。工程测量贯穿与工程建设的全过程，它的任务和作用主要表现在以下三方面：

1. 大比例尺地形图的测绘

城镇建设、土地规划与管理等需要有大比例尺的地形图、地籍图。另外在工程建设设计阶段，工程人员也需要在大比例尺地形图上进行区域规划和建筑物的设计并在地形图上获得设计所依据的各项数据。

2. 施工放样

在工程建筑施工时，工程人员要将图样上设计的建筑物放样。在放样过程中，使用测量仪器把图样上设计好的建筑物的平面位置和高程在地面上标定出来作为施工的依据。

3. 变形监测

大型水库、桥梁、高大建筑物在建成之后由于各种应力的变化可能引起地层基础和建筑物本身的变形、倾斜等变化。若这种变形变化过大，会影响工程建筑物的正常运转使用，甚至危及建筑物和人民财产的安全。因此，在建筑物建成后的运营管理阶段，要对建筑物的稳定性及变化情况进行监督测量，以确保建筑物的安全。

二、在城市规划中的应用

"城市规划"是一个与空间位置密切相关的信息获取、管理与服务技术体系，它要求获得城市非常详尽、准确的基础信息，并实现基于信息的多功能服务。GPS 技术综合应用是"数字化城市"建设的重要组成部分。信息化水平是反映一个城市现代化水平的重要标志，也是一个城市综合竞争力的重要因素。

1. 城市空间基础信息的采集与更新

城市规划对城市空间基础信息的采集与更新提出了很高的要求，这种要求不仅迫切，而且也将是今后一项长期的工作。城市空间基础信息采集与更新的技术方法主要是摄影测量和地面测绘等。前者一般是面向大面积信息采集，后者一般是面向小面积信息采集或局部更新。

航空摄影测量要经历航摄、像片连测、像片调绘、成图等几个基本作业阶段。在航摄阶段，利用 GPS 技术对航摄进行导航和定位，可以使航线更为准确，航向和旁向重叠技术指标更加符合航摄设计的要求，提高航摄的质量；利用差分 GPS 技术，精确测定并记录曝光瞬间的航摄仪的空间姿态，即像主点的三维坐标数据，并利用 GPS 数据的光束法区域网平差，可以大大减少像片连测空中三角测量作业所需的外控点数量，从而大大减少像片连测的外业工作量，提高作业效率。在像片连测阶段，利用 GPS 技术进行像控点连测，可大大降低外业劳动强度，提高作业效率，缩短作业周期。在像片调绘阶段，对于遮挡和变更地物的补测，GPS技术可以用于快速建立补测所需的控制系统或直接进行补测。

在地面测绘中，GPS目前常用的地面测绘方法可以直接测绘数字地形图。GPS技术可以用来快速建立测图所需的控制网，从而大大提高作用效率。同时，RTK测量技术的发展使得GPS可以直接用于地面测绘和信息采集，具体方式包括：与全站仪、数码相机等组成集成式数据采集系统和作为单纯的GPS数据采集系统等。

2. 基于数字城市的GPS导航服务

数字城市将以其对城市卓越的管理和服务能力体现其非凡的价值和美好的前景。这种服务以城市电子地图为基础，以车载GPS快速实时定位技术为支撑，在城市中建立数字化交通电台，实时播发城市交通信息，结合电子地图以及实时的交通状况，流动端和枢纽端显示以电子地图为背景的车辆运行轨迹，并根据需求给出安全监控、自动匹配最优路径、调度等服务信息，以及实现车辆的全局调度和自主导航。

建立城市GPS差分基准站网，是实现城市快速导航和动态测绘的重要基础。按照城市的具体地形情况，选择合适地点布设可以覆盖所需服务范围的若干GPS跟踪站和控制中心，GPS跟踪站连续不间断地观测GPS卫星，并将观测数据通过传输设备传送到控制中心进行处理，然后分发到覆盖范围的每一个车载GPS用户，结合电子地图实现实时的导航定位。目前，我国上海、深圳、北京等城市已经或正在建立城市GPS差分基准站网。城市出租汽车、公共汽车、租车服务、物流配送等行业利用GPS技术可对车辆进行跟踪、调度管理，合理分布车辆，以最快的速度响应用户各种请求，降低能源消耗，节省运行成本。

利用GPS定位技术，可对火警、救护、警察等进行应急调遣，可以绕开交通堵塞路段选择最优路线以最快的速度到达目的地，提高紧急事件处理部门对火灾、犯罪现场、交通事故、交通堵塞等紧急事件的响应效率。特种车辆（如运钞车等）能够最大限度地保证运行安全，遇突发事件时，可以进行报警、定位等，从而将损失降到最低限度。在我国，城市和城市间的交通体系发展速度很快，但城市和区域交通图的更新往往严重滞后，给人们的生活和工作带来很多不便。利用车载GPS技术，驾车在新修的道路上走一趟，随车测量并记录道路的坐标数据，添加到原有图件上，就可方便地实现小比例尺交通路线信息的更新。

从GPS测量定位技术应用方面看，目前在国内特别是城市地区达到普及应用程度的主要还是基于静态测量方式。如采用GPS静态测量技术建立城市高精度三维大地测量控制网等，这在理论和实践上都有可借鉴的经验，国内许多城市也都在计划或已经建立了基于GPS技术的城市基础控制网。但是，将连续跟踪的多功能、综合性GPS基准网站纳入到城市基础控制网，这在国内还不多见。

GPS作为先进而精确的定位和测量手段，已经成为新的生产力，融入了国民经济建设、国防建设和社会发展的各个应用领域。随着现代科学技术的进一步发展，GPS技术也将不断发展和完善，定位和导航精度将越来越高，应用成本越来越低，其应用必将越来越广泛。

三、在道路测量中的应用

随着城市建设的不断发展，城市的交通路网也随之不断完善，道路工程的勘测阶段和施工阶段的测量工作量越来越大。在城市建设中由于房屋建筑影响通视，常规的测量方式已经无法满足快节奏的测量需求，GPS 技术的出现很好地解决了这一问题。

道路工程的施工测量主要应用了 GPS 的静态定位和动态测设放样两大功能。静态定位功能是通过 GPS 接收机接收到的卫星信息，重复观测确定地面某点的三维坐标；动态测设放样功能是通过卫星系统，建立基站与流动站，通过输入控制参数把已知的三维坐标点位实地放样在地面上。动态测设放样功能主要以实时动态（RTK）测量技术为主要手段。

1. GPS 静态测量技术在道路施工测量中的应用

GPS 静态测量技术主要用于道路设计阶段建立公路首级控制网，在施工测量中 GPS 静态测量技术的应用还不是太广泛。在施工测量中，GPS 静态测量主要用于进场前对设计提供的控制网中的导线点进行复核及加密工作。通过在设计时布设的控制点上架设 GPS 接收机，观测确定设计提供的该点坐标以校对其精度，如果采集的坐标与设计提供的不满足规范，应进行平差。利用 GPS 静态测量技术对设计提供不满足施工需要的导线点进行加密，这样可大大加快全线的施工测量速度。

2. 实时动态（RTK）测量技术在道路施工测量中的应用

实时动态测量技术，是 GPS 测量技术与数据传输技术相结合的产物，是 GPS 测量技术发展中的一个新突破。实时动态测量技术在公路勘测阶段有着广阔的应用前景，可以布设各等级的路线带状平面控制网、路线中线、构造物等的放样工作。在公路施工过程中，动态测量可以进行施工放样，通过设立基站和流动站，全程只作业一次便可完成整个作业范围内的中线及结构物放样，还可以在驻地设立永久基站，这样就可以随时进行施工放样，极大地节约了时间，省去一部分辅助测量工作，从而节约了施工成本。

总之，GPS 技术作为一种测量新技术，已成功应用于道路勘测设计、施工放样等道路工程测量的各个方面，显著地提高了工程测量的效益，改变了传统的测量作业模式和质量标准，成为道路工程测量的一种主要方法，在某些困难工程地点成了一种不可替代的方法。

四、在变形监测中的应用

1. 概述

工程变形的种类很多，主要有大坝的变形、高层建筑物的变形和沉陷、矿区的地面沉降等。工程变形监测是以毫米乃至亚毫米级精度为目的的工程测量工作，随着 GPS 系统的不断完善，软件性能的不断改进，GPS 已可用于精密工程变形监测。

一般而言，GPS 变形监测可分为周期性监测模式和连续性监测模式，GPS 周期性监测模式与传统的变形监测网相类似，连续性监测模式一般包括以下几个部分：

（1）数据采集 GPS 数据采集分为基准点和监测点。为了提高数据的精度和可靠性，一般至少选取 2 个监测基准点。基准点的点位要稳定且能满足 GPS 观测条件，监测点的选取要能构反映被监测对象的变形，并能满足 GPS 观测条件。

（2）数据传输 基准点采集的 CPS 观测数据，采用新一代的无线电通信技术，将观测数据传输到磁盘或其他介质上。

（3）数据处理，分析和管理 将观测资料传输至控制中心，通过控制中心的服务器，对数据进行处理，分析，储存，管理。

2. GPS 在大坝监测自动化系统中的应用

大坝变形监测包括水平位移、垂直位移（沉陷）、挠度、倾斜、表面接缝和裂缝监测。水库或水电站的大坝由于水负荷的重压可能引起变形，需要对大坝的变形进行连续而精密的监测。GPS 精密定位技术与经典测量方法相比，不仅可以满足大坝变形监测工作的精度要求 $[(0.1\sim1.0)\times10^{-6}]$，而且更有助于实现监测工作的自动化。到目前为止，国内应用 GPS 测量大坝变形并实现自动化且较成功的有湖北清江隔河岩水电站，该系统主要由 5 个坝顶测点和左右岸两个基准点组成，1998 年 3 月正式投入试运行。系统采用 AshtechZO12CGRS 型双频 GPS 接收机及带防护罩天线，软件采用改进后的 GAMIT 软件和精密星历进行基线向量解算，由 GPSADT 软件进行网平差计算，其中 7 台 GPS 接收机 365 天 24 小时连续观测，在 1998 年长江流域特大洪水期间，隔河岩大坝超量拦洪蓄水，避免了清江洪峰和长江洪峰相遇，对于减轻长江中下游的防汛抗洪压力以及最终为实施荆江分洪起到了重要作用。

3. GPS 用于地面沉陷的监测

近年，由于地下煤炭、石油和天然气的开采和过量的抽取地下水，使许多城市的地面或矿区的地面发生显著沉降，因此地面沉陷的监测就显得尤为重要。矿区地面变形测量包括矿区地表移动、露天矿边坡移动测量等。其测量的最终目的是通过不同观测时间测定的地面点的水平位置和高程，进行分析对比，得出地面点位的水平位移与沉降数据，从而进行变形分析与预测。

GPS 测量不要求相互通视，且速度快，作业灵活，能显著地提高作业效率。比如监测地面的垂直位移，无需将 GPS 测量的大地高程进行转换，不仅简化了计算工作，同时也保障了观测精度。

4. GPS 用于高层建筑物的监测

高层建筑物动态特征的监测对其安全运营、维护及设计至关重要，尤其要实时或准实时监测高层建筑物受地震、台风等外界因素作用下的动态特征，如高层建筑物摆动的幅度（相对位移）和频率。传统的高层建筑物的变形监测方法是采用加速度传感器、全站仪和激光准直等，但因受其能力所限，在连续性、实时性和自动化程度等方面已不能满足大型构筑物动态监测的要求。

近年来，随着 GPS 硬件和软件技术的发展，特别是高采样频率（如 10Hz 甚至 20Hz）GPS 接收机的出现，以及 GPS 数据处理方法的改进和完善等，为 GPS 技术应用于实时或准实时监测高层建筑物的动态特征提供了可能。目前，GPS 定位技术在这一领域的应用研究已成为热点之一，以高层建筑物动态特征的监测为例，设计了振动试验以模拟高层建筑物受地震和台风等外界因素作用下的动态特征，并采用动态 GPS 技术对此进行监测。试验数据的谱分析结果表明，利用 GPS 观测数据可以精确地鉴别出高层建筑物的低频动态特征，并指出了随 GPS 接收机采样频率的提高，动态 GPS 技术可以监测高层建筑物更高频率的动态特征，最终建立具有 GPS 数据采集、数据传输、数据处理与分析、预警等功能的高层建筑物动态变形自动化监测与预警系统。

大坝、高层建筑、工业矿区等的安全对国家的经济建设和人们的生命财产都有极为重要的影响，对它们的变形进行监测一直是测绘界的重点研究领域。随着技术的发展，GPS 已经逐渐用于变形监测。GPS 用于变形监测，具有精度高、不受气候条件及通视条件限制、高度自动化等优点。在上述各领域的应用表明，GPS 在变形监测中的应用对弥补传统的变形监测方法的缺陷具有重要意义。随着 GPS 技术的进一步发展，在变形监测方面的应用前景将会更加广阔。

课题 3　GPS 在航空摄影测量中的应用

航空摄影测量是利用摄影所得的像片，研究和确定被摄物体形状、大小、位置、属性相互关系的一种技术。摄影测量有两大主要任务，其中之一就是空中三角测量，即以航摄像片所量测的像点坐标或单元模型上的模型点为原始数据，以少量地面实测的控制点地面坐标为基础，用计算方法求解加密点的地面坐标。在 GPS 出现以前，航测地面控制点的施测主要依赖传统的经纬仪、测距仪及全站仪等，但这些常规仪器测量都必须满足控制点间通视的条件，在通视条件较差的地区，施测往往十分困难。GPS 测量不需要控制点间通视，而且测量精度高、速度快，因而 GPS 测量技术很快就取代常规测量技术成为航测地面控制点测量的主要手段。但从总体上讲，地面控制点测量仍是一项十分耗时的工作，未能从根本上解决常规方法"第一年航空摄影，第二年野外控制联测，第三年航测成图"的作业周期长，成本高的缺点。近年来，GPS 动态定位技术的飞速发展导致了 GPS 辅助航空摄影测量技术的出现和发展。目前该技术已进入实用阶段，在国际和国内已用于大规模的航空摄影测量生产，实践表明该技术可以极大地减少地面控制点的数目，缩短成图周期，降低成本。

GPS 航空摄影测量技术是高精度 GPS 动态定位测量与航空摄影测量有机结合的一项高新技术。它是在航空摄影飞机上安设一台 GPS 信号接收机，并用一定方式将它与航空摄影仪相连接，以此实时地获取摄影瞬间的相机快门启开脉冲。在航摄飞机对地摄影的同时，既测定 GPS 信号接收天线的实时在行点位，又精确而自动地"记录"每一个摄影时元。经过测后数据处理，解算出在 WGS—84 坐标系中的摄站三维坐标，进而按要求变换成所摄区的实用坐标，然后将其作为摄影测量区域网平差附加观测值，参与空中三测量的联合解算，从而达到大量减少甚至完全免除野外实地测量像控点的目的，从而使测量行业从技术手段到队伍结构发生革命性变化。目前，GPS 航空摄影测量技术已用于全国 7 个地区共 157110km^2 的航测成图生产实践，如，此技术为中澳海南国际合作项目服务了两年，完成了全岛 30000km^2 的航测任务，为按时优质地建立海南国土资源基础信息和获得 1m 分辨率全岛摄影数据作出了重要贡献，完成了澳方专家无法完成的工作；又如某课题组为外交部完成的中越边界重新勘测航空摄影测量中，创用了无地面控制的 GPS 航空摄影测量技术，避免了作业人员奔赴雷区作业的危险，及时快速地完成了任务，且使我国在中越谈判中处于有利地位。GPS 航空摄影测量技术在很多领域有着广泛的运用前景，如高山困难地区、荒漠地区、边境地区的各种比例尺航测成图；公路、铁路，电力线架设等的选线测量。

近年来，随着 GPS 技术的发展，发现了 GPS-RTK 测量技术，而这在大比例尺航空摄影测量中的应用，将会取得良好的经济效益和社会效益。对于大比例尺全数字化航空摄影测量外业，以往采用的是 GPS 静态定位或全站仪测量导线来求得平高点的平面位置，再通过水准测量来求得平高点和高程点的高程。但这种做法需要花费大量的人力和物力，GPS-RTK 测量技术应用后，通过实时动态定位就可以求得平高点和高程点的三维坐标，在大比例尺全数字化航空摄影测量中，可以替代全站仪进行图根导线测量，可以在测区大范围，且不通视的条件下测定无积累误差的图根控制点和像控点。因此，GPS-RTK 测量技术在航空摄影测量中具有良好的应用前景。

课题 4　GPS 在海洋测绘方面的应用

海洋测绘主要包括海上定位、海洋大地测量和水下地形测量。海上定位通常指在海上确定船位的工作，主要用于舰船导航，同时又是海洋大地测量不可缺少的工作。海洋大地测量主要包括在海洋范围内布设大地控制网，进行海洋重力测量，在此基础上再进行水下地形测量，绘制水下地形图，测定海洋大地水准面。此外，海洋测绘工作还包括：海洋划界；航道测量；海洋资源勘探与开采，海底管道的敷设，海港工程，打捞、疏浚等海洋工程测量；平均海面测量；海面地形测量；海流、海面变化、板块运动、海啸测量等。其中，海上定位是海洋测绘的最基本的工作。

一、用 GPS 定位技术进行高精度海洋定位

为了获得较好的海上定位精度，采用 GPS 接收机和船上导航设备进行组合定位。如在进行 GPS 伪距定位时，用船上的计程仪（或多普勒声纳）、陀螺仪的观测值联合推求船位。对于近海海域，采用在岸上或岛屿上设立基准站，船上安置 GPS 接收机，采用差分技术或动态相对定位技术确定船位，从而进行高精度海上定位。

二、GPS 技术用于建立海洋大地控制网

建立海洋大地控制网，为海面变化和水下地形测绘、海洋资源开发、海洋工程建设、海底地壳变动的监测和船舰的导航等服务，是海洋大地测量的一项基本任务。海洋大地控制网，是由分布在岛屿、暗礁上的控制点和海底控制点组成的。海底控制点由固定标志和水声应答器构成。

对于岛、礁上的控制点点位，可用 GPS 相对定位精度测定其在统一参考系中的坐标。我国已于 1990 年和 1994 年，在西沙和南沙群岛的岛、礁上，布设了 GPS 网（平均边长相对中误差为 1/387 万，方位中误差为 ±0.06″、点位中误差为 ±13cm）并完成与海口、湛江、东莞等国家大地点的联测。对于测定海底控制点的位置，则需要借助于船台或固定浮标上的 GPS 接收机和水声定位设备，对卫星和海底控制点进行同步观测实现。

船上 GPS 接收机的瞬时位置，可以通过 GPS 相对动态定位精密确定。利用 GPS 接收机同步观测 GPS 卫星进行定位的同时，利用海底水声应答器同步测定船上 GPS 接收机与海底控制点间的距离，从而测定海底控制点的位置。

三、GPS 在水下地形测绘中的应用

水下地形图的绘制对于航运、海底资源勘探、海底电缆铺设、沿海养殖业和海上钻井平台等具有重要意义。海道测量是进行水下地形图测绘的基础，可以通过海底控制测量来测定海底控制点的空间坐标或平面坐标。除此以外，还需用水深仪器对水深进行测量。水深测线间距依比例尺不同而变化，水声仪器的定位除了在近岸区域使用传统的光学仪器采用交汇法定位外，其他较远区域多采用无线电定位。虽然 GPS 可以快速、高精度地对目标物进行定位，但当对水深仪器进行单点定位时，其精度只有几十米，只能作为远海小比例尺海底地形测绘的控制；对于较大比例尺测图，可应用差分 GPS 技术进行相对定位。实际应用中常将GPS 和水声仪器同时使用，前者进行定位测量，后者进行水深测量，再利用电子记录手簿进行记录，利用计算机和绘图仪组成水下地形测量自动化系统。

通过以上简要的介绍分析可知，GPS 具有良好的技术特性，能够应用于海洋测绘。随着国民经济的发展，GPS 技术的不断改进，其应用范围将越来越广。因此，GPS 海洋测绘必将朝着快速、高精度的方向发展，从而提供全面、准确的海洋空间信息，为其他领域服务。

单元小结

本单元主要介绍了 GPS 在大地控制测量、城市规划测量、道路工程测量、土地管理、变形监测、航空摄影测量、海洋测绘等领域的应用，通过学习了解 GPS 在国民经济建设中发挥的巨大作用。

附 录 GPS 测量及应用练习题库

一、填空题

1. 20 世纪 50 年代末期，美国开始研制多普勒卫星定位技术进行_____、_____的导航卫星系统，叫做子午导航卫星系统。

2. GPS 全球定位系统具有_____、_____、_____、_____和实时性的导航、定位和定时功能。能为各类用户提供精密的_____、_____和时间。

3. GPS 系统的空间部分由_____颗工作卫星及_____颗备用卫星组成，它们均匀分布在 6 个轨道上，距地面的平均高度为_____km，运行周期为 11 小时 58 分。

4. 美国国防部制图局（DMA）于 1984 年发展了一种新的世界大地坐标系，称为美国国防部 1984 年世界大地坐标系，简称_____。

5. GPS 由_____、_____和_____三部分组成。

6. 美国对 GPS 定位的限制性政策有_____、_____和_____。

7. 由于地球内部和外部的动力学因素，地球极点在地球表面上的位置随时间而变化，这种现象叫_____。随时间而变化的极点叫瞬时极，某一时期瞬时极的平均位置叫平地极，简称_____。

8. GPS 网一般是求得测站点的三维坐标，其中高程为_____高，而实际应用的高程系统为_____高系统。

9. 数据码即导航电文，它包含_____、卫星_____、_____、_____运行状态、轨道摄动改正、_____、由 C/A 码捕获 P 码的信息等。

10. 动态定位是用 GPS 信号_____地测得运动载体的位置。按照接收机载体的运行速度，又将动态定位分成_____、_____和_____三种形式。

11. 按照现行 GPS 相关规范规定，我国 GPS 测量按其精度依次划分_____、_____、_____、_____、和_____为五级，其中_____级网的相邻点之间的平均距离为 10～15km，最大距离为_____km。

12. GPS 信号接收机，按用途的不同，可分为_____型、_____和_____三种。

13. 卫星钟采用的是_____时，它是由主控站按照美国海军天文台（USNO）的协调世界时（UTC）进行调整的。在_____年 1 月 6 日零时对准，不随闰秒增加。

14. 当 GPS 信号通过电离层时，信号的路径会发生弯曲，_____速度会发生变化。这种距离改正在天顶方向最大可达_____m，在接近地平线方向可达 150m。

15. 在 GPS 定位测量中，观测值都是以接收机的相位中心位置为准的，所以天线的相位中心应该与其_____中心保持一致。

16. 当使用_____的接收机，同时对同一组卫星所进行的观测称为同步观测。

17. 在接收机和卫星间求二次差，可消去两测站接收机的_____改正。

18. 考虑到 GPS 定位时的误差源，常用的差分法有如下三种：_____；_____；在接收机、卫星和_____求三次差。

19. GPS 网的图形设计主要取决于用户的要求、_____、时间、人力以及所投入接收机的类型、_____和后勤保障条件等。

20. 根据不同的用途，GPS 网的图形布设通常有_____式、_____式、网连式及边点混合连接四种基本方式。选择什么方式组网，取决于工程所要求的精度、野外条件及 GPS 接收机台数等因素。

21. 连续运行的 GPS 参考站网是由一个或若干个_____，一个_____，_____和_____组成的一个网络系统。

二、选择题

1. 在 20 世纪 50 年代，我国建立的 1954 北京坐标系采用的是克拉索夫斯基椭球元素，其长半径和扁率分别为（　　　）。

A. $a = 6378140$、$f = 1/298.257$ B. $a = 6378245$、$f = 1/298.3$

C. $a = 6378145$、$f = 1/298.357$ D. $a = 6377245$、$f = 1/298.0$

2. 在使用 GPS 软件进行平差计算时，需要选择（　　　）。

A. 横轴墨卡托投影   B. 高斯投影

C. 等角圆锥投影   D. 等距圆锥投影

3. 在进行 GPS-RTK 实时动态定位时，基准站放在未知点上，测区内仅有两个已知点，（　　　）定位测量的精度最高。

A. 两个已知点上

B. 一个已知点高，一个已知点低

C. 两个已知点和它们的连线上

D. 两个已知点连线的精度高

4. 单频接收机只能接收经调制的 L_1 信号。但由于改正模型的不完善，误差较大，所以单频接收机主要用于（　　　）的精密定位工作。

A. 基线较短   B. 基线较长   C. 基线≥40km   D. 基线≥30km

5. GPS 接收机天线的定向标志线应指向（　　　）。其中 A 与 B 级在顾及当地磁偏角修正后，定向误差不应大于 ±5°。

A. 正东　　　　　　B. 正西　　　　　　C. 正南　　　　　　D. 正北

6. GPS 卫星信号取无线电波中 L 波段的两种不同频率的电磁波作为载波，它们的频率和波长分别为（　　　　）：

A. $f_1 = 1575.02\text{MHz}$，$\lambda_1 = 19.13\text{cm}$　$f_2 = 1227.60\text{MHz}$，$\lambda_2 = 24.22\text{cm}$

B. $f_1 = 1575.32\text{MHz}$，$\lambda_1 = 19.23\text{cm}$　$f_2 = 1227.66\text{MHz}$，$\lambda_2 = 22.42\text{cm}$

C. $f_1 = 1575.42\text{MHz}$，$\lambda_1 = 19.03\text{cm}$　$f_2 = 1227.60\text{MHz}$，$\lambda_2 = 24.42\text{cm}$

D. $f_1 = 1575.62\text{MHz}$，$\lambda_1 = 19.53\text{cm}$　$f_2 = 1227.06\text{MHz}$，$\lambda_2 = 24.12\text{cm}$

7. 在 GPS 测量中，观测值都是以接收机的（　　　　）位置为准的，所以天线的相位中心应该与其几何中心保持一致。

A. 几何中心　　　　　　　　　　　　B. 相位中心

C. 点位中心　　　　　　　　　　　　D. 高斯投影平面中心

8. GPS 系统的空间部分由 21 颗工作卫星及 3 颗备用卫星组成，它们均匀分布在（　　　　）相对于赤道的倾角为 55°的近似圆形轨道上，它们距地面的平均高度为 20200km，运行周期为 11 小时 58 分。

A. 3 个　　　　　　B. 4 个　　　　　　C. 5 个　　　　　　D. 6 个

9. 计量原子时的时钟称为原子钟，国际上是以（　　　　）为基准。

A. 铷原子钟　　　　B. 氢原子钟　　　　C. 铯原子钟　　　　D. 铂原子钟

10. 我国西起东经 72°，东至东经 135°，共跨有 5 个时区，我国采用（　　　　）的区时作为统一的标准时间，称为北京时间。

A. 东 8 区　　　　　B. 西 8 区　　　　　C. 东 6 区　　　　　D. 西 6 区

11. 在 20 世纪 50 年代，我国建立的 1954 北京坐标系是（　　　　）坐标系。

A. 地心坐标系　　　　　　　　　　　B. 球面坐标系

C. 参心坐标系　　　　　　　　　　　D. 天球坐标系

12. 我国在 1978 年以后建立了 1980 西安坐标系，采用的是 1975 年国际大地测量与地球物理联合会第十六届大会的推荐值，其长半径和扁率分别为（　　　　）。

A. $a = 6378140$，$f = 1/298.257$　　　　B. $a = 6378245$，$f = 1/298.3$

C. $a = 6378145$，$f = 1/298.357$　　　　D. $a = 6377245$，$f = 1/298.0$

13. 我国西起东经 72°，东至东经 135°，共跨有（　　　　）个时区，我国采用东 8 区的区时作为统一的标准时间，称为北京时间。

A. 2　　　　　　　B. 3　　　　　　　C. 4　　　　　　　D. 5

14. 双频接收机可以同时接收 L_1 和 L_2 信号，利用双频技术可以消除或减弱（　　　　）对观测量的影响，定位精度较高，基线长度不受限制，所以作业效率较高。

A. 对流层折射　　　B. 多路径误差　　　C. 电离层折射　　　D. 相对论效应

15. GPS 卫星信号取无线电波中 L 波段的两种不同频率的电磁波作为载波，在载波 L_2 上调制有（　　　　）。

A. P 码和数据码　　　　　　　　　　B. C/A 码、P 码和数据码

C. C/A 和数据码　　　　　　　　　　D. C/A 码、P 码

16. 在定位工作中，可能由于卫星信号被暂时阻挡，或受到外界干扰影响，引起卫星跟踪的暂时中断，使计数器无法累积计数，这种现象叫（　　　）。

    A. 整周跳变　　　　　　　　　　　　B. 相对论效应

    C. 地球潮汐　　　　　　　　　　　　D. 负荷潮

17. 我国自行建立第一代导航卫星定位系统"北斗导航卫星系统"是全天候、全天时提供导航信息的区域导航卫星系统，它由（　　　）组成了完整的导航卫星定位系统。

    A. 两颗工作卫星　　　　　　　　　　B. 两颗工作卫星和一颗备份星

    C. 三颗工作卫星　　　　　　　　　　D. 三颗工作卫星和一颗备份星

18. 卫星钟采用的是 GPS 时，它是由主控站按照美国海军天文台（USNO）的（　　　）进行调整的。在 1980 年 1 月 6 日零时对准，不随闰秒增加。

    A. 世界时（UT0）　　　　　　　　　B. 世界时（UT1）

    C. 世界时（UT2）　　　　　　　　　D. 协调世界时（UTC）

19. 在进行 GPS-RTK 实时动态定位时，需要计算在开阔地带流动站工作的最远距离，已知 TRIMMRK Ⅱ（UHF）数据链无线电发射机天线的高度为 9m，流动站天线的高度为 2m，则流动站工作的最远距离为（　　　）。

    A. 18.72m　　　　B. 16.72m　　　　C. 18.61m　　　　D. 16.61m

20. 基准站 GPS 接收机与 HDV8（UHF）数据链无线电发射机之间的数据传输波特率为（　　　）。

    A. 4800　　　　　B. 9600　　　　　C. 19200　　　　D. 38400

三、名词解释

SA 政策　　天球　　黄道　　黄赤交角　　岁差　　章动　　极移　　协议地球坐标系　　七参数法　　正高　　正常高　　大地高　　参考站　　导航电文　　静态定位　　同步观测环　　数据剔除率　　观测时段

四、简答题

1. GPS 是怎样确定地面点位的？

2. 与经典测量方法比较，GPS 测量有什么特点？

3. 美国政府对 GPS 作出了哪些政策调整与技术改进？

4. WGS-84 坐标系的几何定义是什么？

5. 什么叫大地测量基准？它与大地测量坐标系有何异同？

6. 简述影响卫星的各种摄动力的特征。

7. 什么叫星历？有哪几种星历？各有何特点？

8. 什么叫大气折射？

9. GPS 卫星所发播的信号主要有哪些？

10. 码的概念是什么？

11. GPS 定位方法有哪些？各种方法适合于何种测量工作？

12. 什么叫绝对定位？绝对定位方法分哪几种？各种绝对定位方法的精度如何？

13. 快速静态定位与准动态定位一样吗？若不一样，主要差别在哪里？

14. 影响 GPS 定位的主要误差有哪几类？

15. 减弱多路径效应的措施有哪些？

16. 什么叫精度衰减因子？

17. 精度衰减因子的类型有哪些？

18. GPS 控制网设计的主要技术依据是什么？

19. 《全球定位系统（GPS）测量规范》（GB/T 18314—2009）将 GPS 控制网分为哪几个等级？

20. GPS 控制网的布设按照网的构成形式分为哪几种？各种构网方式有什么优点和缺点？

21. 在进行 GPS 外业实施前应该做好哪些准备工作？如何编制作业调度表？如何编写技术设计书？

22. GPS 选点应该遵循的原则有哪些？如何编制 GPS 点之记？

23. 什么是单基线解？什么是多基线解？各有什么特点？

24. 什么是三维无约束平差？什么是三维约束平差？在平差阶段各起什么作用？

25. 简述 GPS 网平差的流程。

26. GPS 技术总结有哪些内容？上交的资料有哪些？

27. 什么是 RTK 测量技术？它的工作原理是什么？

28. 简述 RTK 测量技术的特点。

29. 常规 RTK 测量技术的作业模式有哪些？

30. VRS 系统的特点有哪些？

31. 简述 GPS 在大地控制测量中的应用。

32. 简述 GPS 在道路工程测量中的应用。

33. 简述 GPS 在土地管理各阶段的应用。

参 考 文 献

［1］ 贺英魁. GPS 测量技术［M］. 北京：煤炭工业出版社，2007.

［2］ 张守信. GPS 卫星测量定位理论与应用［M］. 长沙：国防科技大学出版社，1996.

［3］ 李征航，黄劲松. GPS 卫星测量与数据处理［M］. 武汉：武汉大学出版社，2005.

［4］ 贺英魁. GPS 测量技术［M］. 重庆：重庆大学出版社，2010.

［5］ 李征航，黄劲松. GPS 测量与数据处理［M］. 2 版. 武汉：武汉大学出版社，2010.

［6］ 黄文彬. GPS 测量技术［M］. 北京：测绘出版社，2011.

［7］ 徐绍铨，张华海，杨志强，等. GPS 测量原理与应用［M］. 武汉：武汉大学出版社，2006.